中国科技的梦想与荣光

嫦娥飞天

——中国人的太空探索之路

陆继宗　著

U0113286

河北出版传媒集团

河北科学技术出版社

图书在版编目（CIP）数据

嫦娥飞天：中国人的太空探索之路 / 陆继宗著. --
石家庄：河北科学技术出版社，2019.9
（中国科技的梦想与荣光 / 刘树勇主编）
ISBN 978-7-5717-0051-5

Ⅰ.①嫦… Ⅱ.①陆… Ⅲ.①空间探索—概况—中国
Ⅳ.①V11

中国版本图书馆CIP数据核字(2019)第159814号

嫦娥飞天——中国人的太空探索之路

陆继宗 著

出版 河北出版传媒集团 河北科学技术出版社
地址 石家庄市友谊北大街330号（邮编：050061）
经销 新华书店
印刷 北京兴星伟业印刷有限公司
开本 700毫米 × 1000毫米 1/16
印张 10.5
字数 130 000
版次 2020年4月第1版
印次 2020年4月第1次印刷
定价 42.00元

序

　　中国科技在古代曾经灿烂辉煌，为人类文明做出过重大贡献。但是自明末之后，中国科技开始渐渐落后于西方。新中国成立之初，中国科技特别是高新技术领域几乎一穷二白，在极其困难的情况下，中国科技工作者发扬自力更生、艰苦奋斗精神，奋起直追。1964 年 10 月 16 日 15 时中国第一颗原子弹爆炸成功，1967 年 6 月 17 日 8 时中国第一颗氢弹空爆试验成功，1970 年 4 月 24 日 21 时中国第一颗人造卫星发射成功……以"两弹一星"为标志，中国开始了自身现代历史上第一次自主科技创新的历程。1978 年全国科学大会召开，中国迎来了"科学的春天"，在航空航天、超级计算机、海洋科学、超级工程、医药科技等众多领域取得了举世瞩目的成就。进入 21 世纪以来，我国科技发展突飞猛进，取得了一批引领世界的科技成果。正如习近平总书记在党的十九大报告中指出："创新驱动发展战略大力实施，创新型国家建设成果丰硕，天宫、蛟龙、天眼、悟空、墨子、大飞机等重大科技成果相继问世。"一系列"叫得响、数得着"的科技成果，惊艳世界。这些科技成果既增强了我国综合国力，又为改善人民生活水平做出了重大贡献。

　　河北出版传媒集团领导高度重视宣传我国发展伟大成就，亲自谋划选题，指导河北科学技术出版社组织有关专家、科普作家编写了这套《中国科技的梦想与荣光》科普图书。这套书主要介绍了包括太空探索、北斗导航、中国天眼、量子通信、中国大飞机、深海探测、巨型计算机、中国高铁等近些年对中国乃至世界产生重大影响的科技成果。在这套书中，读者在了解当代最前沿科学技术知识的同时，还会从中看到我国科学技术工作者"坚持、坚忍、坚韧"的可贵品格和"勤奋学习，自主创新"的精神；在生动有趣的科学故事中，读者可以了解到其中蕴含的科学思想、科学精神和科学方法，潜移默化中提高自己的科学素养；读者也会从科技工作者的勤奋、创新、拼搏和献身精神中受到鼓舞，并以更大的决心去迎接未来的挑战，为实现中华民族的伟大复兴而努力奋斗。

2019年是新中国成立70周年，把新中国取得的科技成就宣传好，让更多的人了解中国科技发展历程，了解中国科学家艰苦奋斗、勇于创新的精神，在全社会形成爱科学、学科学、用科学的浓厚氛围，是一件很有意义的事情，我愿意向广大读者推荐这套科普图书。

中国工程院院士

2019/9.

前　言

　　2019 年是新中国成立 70 周年大庆之年，又是我国航天领域喜迅频传的一年。1 月 3 日，新年伊始就传来了第一个喜报，举国关注的嫦娥四号探测器在月球背面成功软着陆，成为全球第一个在月背登陆的航天飞行器，这标志着我国在月球探测领域已进入世界先进行列。

　　从 1970 年 4 月 24 日发射东方红一号卫星开始，我国的航天事业已经取得了举世瞩目的成就，现在地球上空运行的 2 000 多个人造天体中，我国占了 300 多个，是名副其实的航天大国。

　　2004 年，我国正式启动月球探测工程，并命名为"嫦娥工程"。嫦娥是我国古代神话中的一个人物，奔月的故事在中国家喻户晓，把"嫦娥"用作我国探月工程的名称，实在是恰当不过。

　　"上天"是所有种族、所有宗教共有的梦想，大概灵长类动物有了思维能力之后就会这样想入非非。古人的梦想总归是梦想，今人则不然，自"上天"的工具——火箭出现后，上天之梦可以实现了。月亮作为离地球最近的天体，当然是登天的首选了。

　　2018 年是我国航天发射的井喷之年，一共进行了包括嫦娥四号在内的 39 次发射。2019 年的势头不减，从 1 月 11 日发射中星 2D，到 7 月 26 日成功发射遥感三十号 05 组卫星，已进行了 13 次发射，之后还有多颗卫星以及嫦娥五号发射升空。这些航天新成就是给建国 70 周年献的一份厚礼。

　　为了使读者能对我国航天事业，特别是"嫦娥工程"以及其他航天工程艰巨而伟大的探索历程有较为全面的认识，特编写了本书以飨读者。本书从人类的飞天梦想和有关月亮的神话传说出发，首先介绍了月球、宇宙和航天方面的一些基本科学知识。然后在回顾人类太空探索历史的基础上，重点介绍了我国的航天事业。最后展望未来，对深空探索做些简单讨论。

编　者

2019 年 3 月

目 录

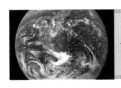

一、奔月之梦

上天一直是人类的梦想。嫦娥奔月更是中国家喻户晓的故事。1957 年 10 月 4 日，苏联发射"卫星 1 号"，开创人类航天新纪元。1961 年 4 月 12 日，苏联东方 1 号宇宙飞船升空，加加林成了进入太空的第一人。随后的美国阿波罗登月计划，把登月梦想变成了现实。

从 1970 年 4 月 24 日发射东方红一号卫星以来，中国已经相继发射多颗人造卫星、多艘载人飞船，进入世界航天大国之列。嫦娥工程更是吸引了世界各国的广泛关注。

在讨论飞天、奔月之前，让我们首先来探讨一下"天"和"月亮"是什么。

古人对"天"的认识 >>>

"天"是什么？这好像是一个不需要回答的问题。"天"就是每个人、每时每刻抬头望见的那片蓝天！古人普遍认为"地"以外的空间就是"天"。

不过，上古时代的人类对天上的种种现象，只能进行猜测和想象，于是就产生了种种关于"天"和"地"的神话传说和创世理论。

按照《圣经·旧约》中《创世记》第一章的叙述，神在创世的第二天创造了"天"，第三天创造了"地"。

中国也有自己的创世纪。传播最广的大概要算盘古开天辟地说了："天地混沌如鸡子。盘古生在其中。万八千岁，天地开辟。阳清为天，

◀‖藏于科隆犹太教堂内的"律法书卷（摩西五经）"‖▶

阴浊为地。盘古在其中，一日九变。神于天，圣于地。天日高一丈，地日厚一丈。盘古日长一丈。如此万八千岁，天数极高，地数极深，盘古极长。故天去地九万里，后乃有三皇。"用现代的语言来说就是：最初天和地是混沌在一起的，像一只鸡蛋，盘古生在其中。一万八千年后，天地分开了，轻清者上升为天，重浊的下沉为地。盘古顶天立地站在其中，一天九变，主宰天地。每日天上升一丈，地变厚一丈，盘古也长一丈。再过一万八千年，天变得极高，地变得极厚，盘古也变得极长。这样一来天地相距九万里。"

古埃及的创世纪认为是太阳神阿蒙·赖创造了世界，把宇宙想象成以天为盒盖、大地为盒底的大盒子，大地的中央则是尼罗河。古巴比伦则认为是众神之王马多克开天辟地创造了世界，天和地都是拱形的，大地被海洋环绕，而其中央则是高山。古印度认为宇宙由地、水、火和风构成，想象圆盘形的大地处在几只大象上，而象则站在巨大乌龟的背上。

英文宇宙一词"Cosmos"来自希腊文，原意为"次序"。古希腊人发现了天上的现象较其他自然现象更为有序：太阳每天在空中穿行；月亮每月有盈亏；星星在空中固定不动。因此就把它称为"宇宙（次序）"。

亚里士多德认为：天体是物质的实体，地球是球形的，是宇宙的中心；地球和天体由不同的物质组成，地球上的物质由水、气、火、土四种元素组成，天体由第五种元素"以太"构成。

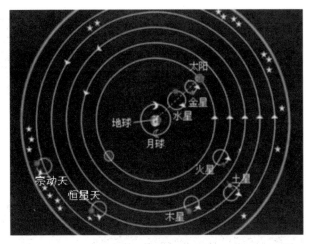

◁‖亚里士多德九重天模型‖▷

亚里士多德进一步发展了宇宙有序的思想，提出了九层天的宇宙模型。与以往认为"日、月、星都是镶嵌在同一个天穹上"的观点不同，他认为天有九个层次，分别是月球天、水星天、金星天、太阳天、火星天、木星天、土星天、恒星天、宗动天。恒星天外的宗动天，是由神来推动的，各层天均由宗动天带动而依次运动。

在中国也有类似的九重天之说。《淮南子·天文训》中对九重天有详细描述："天有九重，一为月天，二辰星，三太白，四日，五荧惑，六岁星，七镇星，八恒星，九左旋天。"这里的晨星是水星，太白是金星，荧惑是火星，岁星是木星，镇星是土星。与亚里士多德的九重天在次序上也基本一致。

宇宙洪荒 ≫

银河系之外还有许许多多的星系，统称河外星系。目前已经发现的河外星系大约有 50 亿个，若干个邻近的星系又构成了星系团。所有的星系团一起构成了所谓的总星系，总星系就是我们现在所观测到的宇宙。

◀‖银河系全景图‖▶

谈到宇宙，有两个问题会经常提到：它有起源吗？它有边界吗？这是当代宇宙学中的两个大问题。

当前绝大部分天文学家、物理学家接受的理论认为，宇宙起源于137亿年前一次大爆炸。宇宙从原始的一个点爆炸后，就一直膨胀。经历了量子涨落、暴涨和大黑暗等时期，直到4亿年后（即130多亿年前）才产生了第一颗星星，随后才发展出许许多多的星系。大爆炸宇宙模型和宇宙膨胀是有多项天文观测事实支持的，现已被视为标准宇宙模型。

卫星月球 >>>

月球，俗称月亮，是地球唯一的一颗永久天然卫星。八大行星，除水星和金星外，都有天然卫星。火星有两颗卫星，木星有79颗卫星。土星的卫星最为五花八门，有的比水星还大，有的直径小于1千米，除卫星外，土星还有一个美丽的光环，实际上也是由许许多多小卫星聚集而成的。天王星有27颗卫星，海王星有14颗卫星。就连2006年被降级为矮行星的冥王星也有 5 颗卫星。在所有这些卫星中，月亮体积是第五大的，密度则是第二大的。

月球是一个非"天"非"地"、亦"天"亦"地"的特殊星体。对于地球来说，它属于"天"，而且是天上除了太阳以外最明亮的天体。

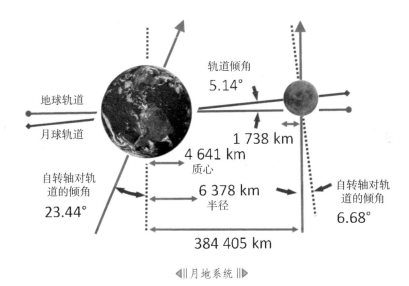

轨道倾角 5.14°

地球轨道

月球轨道

自转轴对轨道的倾角 23.44°

1 738 km

4 641 km 质心

6 378 km 半径

自转轴对轨道的倾角 6.68°

384 405 km

◀‖月地系统‖▶

但它又是地球的卫星，故又应归属于"地"，正确的说法应该是地球和月球组成了一个"地月系统"。月地距离为 384 405 千米，即约 1.28 光秒。月球轨道（白道）面与地球轨道（黄道）面有一个 5.14° 的倾角。月球半径为 1 738 千米。月地系统的质心位于月地中心连线上，离地球中心 4 641 千米处。月球的密度比地球的略小，其质量约为地球的 1/80。

迄今为止，有关月球的起源学说总共有四种：同源说、俘获说、分裂说和撞击说。前三种假说都有无法解释的地方。月球的含铁量比地球的低，这就否定了同源说。俘获说认为月球本身是颗小行星，闯入地球的引力范围后，被地球俘获成了一颗卫星，但是月球的成分又与其他的行星、彗星的不同，也被否定。分裂说（月球是从地球赤道上"甩"出去的），无法解释月球轨道的倾角，对分离时的初速度要求又太高，故也被否定出局。只有20世纪70年代提出的撞击说，得到了大多数天文学家的认同，认为它能够很好地解释月球的形成。

撞击说认为，在地球形成后不久后，木星的引力摄动使一颗较大的行星胎"忒伊亚"（有火星那么大）与地球发生剧烈撞击。不过，撞击并不是中心直对的正撞，而是斜撞。"忒伊亚"的星核沉入了地核，而被撞击出的"忒伊亚"的小部分星幔和地球的部分地幔，形成了一个绕地球转动的盘，盘内大部分物质在十几天内就吸积形成月球。

月球最先被人类观察到的特点是它的"明亮"和"视直径大"。古人观察认为月球是天上除了太阳以外，最为明亮的天体了，所以称月球为"月亮"。同时，月球也是天上除了太阳以外，视直径（即人类肉眼看到的直径）最大的天体。而且在某些日子的某些时段，月亮还会与太阳一起高挂在天穹上，于是就有了"日月同辉"这个成语。

月亮的另一个明显特点是月相的变化。所谓月相变化就是月球在绕地球公转的过程中，它被太阳照亮的部位不同，而月球又是始终以正面朝向地球的，所以我们每天看到的月球明亮部分是不同的。当月球运行到地球和太阳之间时，被太阳照亮的一面背对着地球，月亮就看不见，此时叫"新月"，或"朔"，亦即阴历初一或三十。之后，月球被照亮的部分逐渐转向地球，在农历初三、初四能够看到一钩弯月，称为"娥眉月"。农历初七、初八能看到半个月亮，叫作"上弦月"。阴历十五、十六、十七，月球被照亮部分全部面对地球，此时看到了一轮明亮的圆月，称为"满月"，或"望"。满月过后，月球的明亮部分逐渐变小，到阴历二十二、二十三，又只能看到的半个月亮，叫作"下弦月"。再经过"残月"（与"娥眉月"相对应），月亮又回到"朔"。月相就是这样周而复始地变化着，月相的变化就叫作"朔""望"变化。

阴历朔的时候,月亮运行到地球和太阳之间,这时有可能发生日食。望的时候,地球处于月球和太阳之间,这时有可能发生月食。由于白道面与黄道面有一个 5.14° 的倾角,所以并不是在每个"朔"日或"望"日,都会有日食或月食发生。

◁‖月相‖▷

月相从新月到下一个新月,约 29.53 天,叫作一个"月"。这样定义的"月",叫作"朔望月"。还有其他的定义方法,如定义月球两次经过同一颗恒星之间的时间间隔为"恒星月",一个恒星月约为 27.32 日。还有"分点月""近点月""交点月"等不同定义方法,不过这些"月"的长度均在 27 日左右,与"恒星月"相差不大。

用肉眼观察,月亮是天上除了太阳之外最大、最亮的天体。古人对它产生种种的联想和猜测是非常自然的。世界上各个地区、各个民族以及各种宗教,对月亮都有各式各样的神话和传说。

嫦娥工程 》》》

月球是离地球最近的一个天体,人类要探索太空,它是最为理想的第一站。苏联在 1959 年发射了第一艘登月的无人太空船。美国的阿波罗登月计划,实现了人类的第一次登月。此后,世界各国共进行了超过 100 次探月,取得了大量有关月球的科学数据和资料,积累了许多经验和教训。

  2004 年，中国正式开展月球探测计划，并命名为"嫦娥工程"。嫦娥工程分为"无人月球探测""载人登月""建立月球基地"三个阶段。无人月球探测计划又分"绕、落、回"三步走。第一步是"绕"月飞行，获取月球表面的影像数据；第二步"落"是在月球表面实现软着陆；第三步"回"则是从月面采集样品，带回地球进行分析研究。

  2007 年 10 月 24 日，"嫦娥一号"成功发射升空，在圆满完成各项使命后，于 2009 年按预定计划受控撞月。2010 年 10 月 1 日"嫦娥二号"顺利发射，圆满并超额完成各项既定任务，目前已成为太阳系的一颗行星。2013 年 12 月 2 日发射"嫦娥三号"探测器，当月 14 日在月球雨海成功软着陆，"玉兔号"巡月车在月面行走。2018 年 12 月 8 日发射嫦娥四号探测器。1 月 3 日 10 时 26 分，嫦娥四号探测器在月球背面的冯·卡门撞击坑（东经 177.6°、南纬 45.5° 附近）成功着陆，并通过"鹊桥"中继星传回了世界第一张在月球背面拍摄的月背影像图，成功实现了人类探测器首次在月背的软着陆，首次通过中继星建立了月背与地面之间的中继信链，开启了人类月球探测新篇章。

  中国月球探测计划的成功执行，极大地推进了人类的航天事业。我们下一步不仅要实现"载人登月"和"建立月球基地"，还将探测火星、小行星等天体，进一步实施深空探测，向离地球 150 亿千米的太阳系边缘进军。

航空和航天的根本区别在于，航空只是人类在离地面 10 千米左右大气层中自带燃料的飞行活动，尚未摆脱地球引力的控制，故飞机失速就会坠地。航天则是要自带燃料和氧化剂，可以在没有空气的太空中飞行，能够绕地球飞行、登陆月球或飞离地球成为太阳系的人造行星，甚至飞出太阳系、银河系，真正成为宇宙中的一叶小舟。

"火箭之父" >>>

火箭在中国古代只是用作烟火爆竹而已，即便用作武器，也只是用作火攻的引燃物，而不是直接杀伤敌人。现在，火箭已是发射人造卫星、宇宙飞船、太空探测器的运载工具，也是大规模杀伤性武器的运载工具。

19 世纪末、20 世纪初的一些科学家对火箭技术做出了重大贡献。这些科学家的代表人物有：法国飞行器设计师和宇航理论家罗贝尔·埃斯诺－佩尔特里（1881—1957）；俄罗斯火箭科学家康斯坦丁·爱德华多维奇·齐奥尔科夫斯基（1857—1935）；匈牙利裔德国物理学家和工程师赫尔曼·朱利叶斯·奥伯特（1894—1989）和美国物理学家、工程师和发明家罗伯特·哈金斯·戈达德（1882—1945）。由于他们的开创性研究和后继者的努力，使火箭技术从原始到现代，现在成了登天的工具，因此他们被誉为"火箭之父"。

首先值得一提的是美国的戈达德，他是一位传奇人物。他改进了火箭的诸多关键性技术，试制和发射了世界上第一枚液体燃料火箭，提出太空飞行的许多开创性思想，然而当时非但没有得到赞扬，反而招来了各种怀疑指责、冷嘲热讽。直到后来卫星上天、登月成功，人们才重新认识了他，但这已是他去世多年以后了。

戈达德出生于美国马萨诸塞州的伍斯特。他父亲从小就注意培养他对科学的兴趣，5 岁时给他演示如何在自家的地毯上产生静电。于是他相信如果把电池的锌皮放置在鞋底下面，依靠鞋底和地面的摩擦给锌充电，就能使自己跳得更高，当然结果是否定的。对他影响最大的是英国的一部科幻小说《世界大战》（2005 年被著名导演斯皮尔伯格拍成电影），描写的是"火星人入侵地球"的故事。这使他在 17 岁时萌发了所谓"樱桃树梦想"："一天我爬在谷仓后面一棵高高的樱桃树上，眺望东面的田野时，想象着如果制造出某种有可能飞上火星的装置，从我脚下的草地升空，那是多么美妙呀！"1908 年 6 月，戈达德以优异的成绩从伍斯特理工学院毕业，随后进入克拉克大学继续深造，1911 年取得博士学位。1909 年他著文论述火箭使用液体燃料的可能性，开始研究使用不同于传统固体燃料的途径来提高火箭的效率，提出了使用液氢作为燃料、液氧作为助燃剂的思想，现在许多大型液体火箭的推进剂就是液氢和液氧。从 1913 年开始，他撰写多篇有关火箭的专利文章。特别是 1914 年的两篇，一篇（美国专利 1 102 653 号）论述了关于制造多级火箭的可能性；另一篇（美国专利 1 103 503 号）是关于用固体燃料（炸药）或者液体推进剂驱动火箭的方法。这两篇文章最终都成了火箭发展史上的里程碑式的文章。戈达德一共申请了214 项专利，有一些是他去世后，由他的妻子申请的。

在实现"樱桃树梦想"的道路上，他迈出的第一步是提高火箭的效率。以前的火箭都是直筒状火药火箭（固体火箭），戈达德最初研究的就是这种火箭。1915 年，戈达德进行了他的第一次火药火箭发射试验，火箭的巨大亮光和噪声惊动了整个校园。这一时期他在克拉克物理实验室里进行火药火箭的静态试验，研究火箭的推力和效率。通过试验，他证实了火药火箭只有 2% 的燃料能量可以转变为推力。但发现如果把燃气轮机的拉瓦尔喷嘴技术用于火箭，就可以把火箭的推力大大提高。拉瓦尔喷嘴是燃气轮机用来提高喷气速度的一项成熟技术，戈达德用这一思想把直筒状的火箭改成先收缩、后扩展成喇叭状的拉瓦尔喷管。1915 年夏天，戈达德用拉瓦尔喷管实验成功了 2051 米 / 秒的喷气速度，平均效率达到了 40%。现代火箭的喷管，无一例外均采用拉瓦尔喷管。

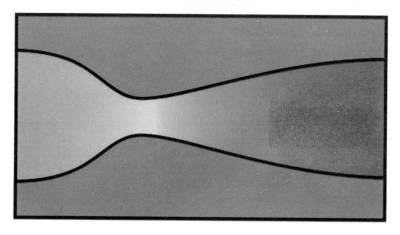

◀‖ 火箭的拉瓦尔喷管 ‖▶

当时戈达德得到了美国斯密森学会的资助，所以在给斯密森学会杂志的一封信中，他汇报称喷气速度已经达到 2438 米 / 秒，效率达到 63%。并且确信可以把初始质量 40.64 千克（终态质量为 0.45 千克）的火箭垂直发射到 373 千米的高空。一般认为地球大气层的高度仅为 130 千米到 160 千米，373 千米的高空处，大气已经非常稀薄，根本无法产生足够支持航空飞行器（飞机）的升力。由此可见，经过改进的戈达德火箭已经能在真空中飞行了。

1919 年下半年，戈达德在斯密森学会发表了题为《达到极大高度

◀‖ 戈达德 ‖▶

的方法》的开创性著作。书中论述火箭飞行的数学原理，介绍了他的固体火箭试验，以及探索地球大气层和宇宙空间的可能性。该书与齐奥尔科夫斯基的《使用反推装置的宇宙空间探索》一书同被认为是火箭科学的先驱之作。

戈达德的这本先驱之作在美国引起了广泛的关注，不料带来的不是对它赞扬，而是一片批评，甚至是冷嘲热讽。1920 年 1 月 12 日的《纽约时报》的头版发表了斯密森学会的新闻稿"相信火箭能够到达月球"，在第二天的编辑部文章中，虽然在表面上也说"戈达德的发射多次充装燃料火箭到达地球大气层最高处的方法是实际的，因而是有希望的"，但随后笔锋一转，"然而还不清楚（它携带）仪器能否回到出发地，事实上，很明显，没有像气球那样的降落伞缓冲降落，这是不可能做到的"。当时普遍错误认为火箭产生的推力是空气对排出气体的反作用产生的，所以"火箭能够到达月球"的预言得到的是讽刺挖苦："拥有克拉克大学教席、得到斯密森学会赞助的戈达德教授还不懂得作用和反作用，不知道真空是不会产生反作用的，他似乎还缺乏高中的日常知识。"

1926 年 3 月 16 日，在马萨诸塞州伍斯特郡奥伯恩镇，戈达德发射了第一枚液体推进剂火箭——戈达德 1 型火箭。使用的燃烧剂是煤油，氧化剂是液氧。虽然这枚火箭只上升了 41 英尺（12.3 米），升空的时间也只有 2.5 秒，最后还掉到了 184 英尺处的艾菲大婶的卷心菜地里，但却是火箭发展史上的一个重大事件，证明了液体的燃烧剂和氧化剂是可以用作大型火箭的推进剂的。

1926 年到 1941 年间，戈达德和他的团队一共发射了 34 枚火箭，其中 1937 年 3 月 23 日发射的 L 系列 B 型火箭到达了 2.6 千米的高空，速度达到每小时 885 千米（约 246 米 / 秒）。由于这些贡献，戈达德获得了美国"火箭之父"的称号。但他的太空飞行、登陆月球的想法仍然没有得到美国政府、军方和科技界的认可。

V-2 火箭 >>>

1944 年 9 月 8 日黄昏，伦敦西区发生了猛烈爆炸，一枚特殊的炸弹摧毁了大片建筑，道路被炸出 9 米见方的一个弹坑，3 人丧生，几十人受伤。后来才知道这是纳粹德国研发的 V-2 火箭。早在三个月前的 6 月 13 日，同盟国军队在诺曼底登陆之后的一星期，已经有一种发出特殊嗡嗡声的飞行炸弹轰炸了伦敦，最多时每天有 100 多枚。这是纳粹德国为了报复诺曼底登陆而发射的 V-1 火箭。火箭还没有成为人类

◁‖ V-1 飞弹剖面图 ‖▷

◁‖V-2 导弹（德国佩内明德历史技术博物馆复制品）‖▷

实现飞天梦想的工具，而是首先变成了杀戮人类的战争武器。

V-1、V-2 是纳粹德国为了报复同盟国对德国本土城市的轰炸而设计制造的武器，V 是德文 Vergeltungswaffen（报复武器）的首字母。从外形看，V-1 像一种飞（行炸）弹，它的动力装置是脉冲喷射发动机，并装有自动驾驶仪作为制导系统，故它的准确名称应为脉冲喷射巡航导弹，是巡航导弹的雏形。

与 V-1 不同，V-2 不但外形像火箭，从它的结构来看，更是名副其实的一枚长程弹道导弹。V-2 有一个当时最大的液体推进剂火箭发动机，用的燃烧剂是浓度为 74% 的掺水酒精，氧化剂是液氧，由它把火箭推进到约 100 千米的高空，然后从最高点沿抛物线作惯性运动射向目标。V-2 是人类第一次越过了所谓卡门线的航天飞行器。

第一次世界大战后，由于受《凡尔赛条约》的限制，德国不能试制坦克、飞机和潜艇等进攻性武器。但《凡尔赛条约》没有规定德国不能研发火箭武器。利用这一漏洞，德国在 20 世纪 30 年代进行了"集群"系列火箭的开发和研制。第一代的 A-1、A-2 在 1933 年开始设计，由于 A-1 设计并不合理，试验失败。第二年开始了改进的 A-2 的研制，取得了令人满意的成果。于是促使德国军方进行第二代的 A-3 和 A-4 的研发。1942 年 10 月 3 日 A-4 第一次试飞成功，这使得纳粹德国非常高兴。当时的陆军研究中心的负责人，瓦尔特·多恩伯格少将甚至声称："1942 年 10 月 3 日是太空旅行新纪元的第一天。"

1944 年，A-4 被命名为 V-2，并交由党卫军控制，随即希特勒下令向伦敦、安特卫普等城市发射。共有 3 172 枚 V-2 火箭射向同盟国，其中 1 402 枚击中英国本土（伦敦 1 358 枚）；1 664 枚射到比利时；76 枚射到法国；19 枚射到荷兰。由于 V-2 精确度还不够高，也未装近炸引信，故不能在低空爆炸。虽然这些因素降低了它的轰炸有效性，但它的杀伤力还是空前巨大，造成了一时的恐慌。英国广播公司（BBC）2011 年公布的文献透露，仅伦敦一地估计就有 2 754 名平民被炸死、6 523 名被炸伤。总共有 9 000 多名军人和平民死于 V-2，在制造它的过程中约有 1 万名强迫劳工和集中营囚徒死亡。

宇宙速度 >>>

要使一个飞行器能够在近地球表面绕地球运动，它的轨道速度必须达到 7.9 千米 / 秒。这个速度叫第一宇宙速度，也称环绕速度。各个星体的第一宇宙速度是不同的，要根据它们的质量、半径大小计算。例如，月球的质量是地球的 1/80，半径是地球的 1/4，所以月球的第一宇宙速度只有地球的 2/9，约为 1.8 千米 / 秒，。

由于地球表面有大气层，所以不大可能在贴近地球表面的地方绕地球飞行。如果飞行器在 150 千米的高空绕地球运行，由于地球的引力减小了（根据万有引力定律，引力的大小与两个物体之间距离的平方成反比），轨道速度大概只要 7.8 千米 / 秒就可以了。月球离地球 38 万千米，所以它的轨道平均速度只要 1.022 千米 / 秒，也不会掉落地面。

如果一个太空飞行器要完全摆脱地球的引力，飞离地球，奔向其他的天体，就必须达到 11.2 千米 / 秒的速度。这个速度叫第二宇宙速度，也称脱离速度。

从地球表面发射的航天飞行器，要飞出太阳系，奔向另一颗恒星，它所需要的最小速度为 16.7 千米 / 秒，这叫作第三宇宙速度。

如果要飞离银河系进入其他星系，则速度需要达到 110 ～ 120 千米 / 秒，这个速度叫第四宇宙速度。

火箭发动机 >>>

火箭是一类由自身发动机推动的、可以在空气或太空中运动的飞行系统。火箭与导弹是有区别的，导弹是载有战斗部（核弹或常规炸弹等）的火箭；而火箭只是指运载工具，它的有效载荷种类繁多，可以是战斗部，也可以是航天飞行器等等。

火箭一般由箭体、发动机、推进剂输送系统及制导和控制系统等组成。其顶端连接有效载荷，箭体内有支撑构件和各种仪器以及推进剂储箱、输送泵及各种管道等等。发动机是火箭的关键部件，由它提供火箭飞行的动力。

火箭发动机是一种所谓的反作用引擎，由自身携带的推进剂产生高速喷气气流，从而反推火箭前进。与航空喷气发动机相比，火箭发动机还要自带氧化剂。火箭发动机具有自重轻、推力大、加速快等优点，但它的比推力比航空喷气发动机的低（因要携带氧化剂）。

当前大量使用的是化学火箭发动机，按其推进剂的类型又可分为固体火箭发动机、

◁‖ 我国大型火箭发动机 ‖▷

液体火箭发动机、混合火箭发动机和单一推进剂火箭发动机等。

箭体结构 >>>

火箭箭体是火箭各种载荷支撑构件的总成，它像人的躯体一样，把火箭的有效载荷、飞行控制系统和推进系统等联结成一个完整的整体。它有一个流线型的光滑外壳，俗称箭壳，保护箭体内部的各种仪器和设备。

火箭的英文为 rocket，来源于意大利文 rocchetto，意为纺纱车上的绕线筒子。从外形来看，两者确有相似之处。火箭采用细长的外形和光滑的表面，目的是使火箭在垂直起飞时具有良好的空气动力学性能。

箭体要承受地面操作、运输和飞行中产生的各种力，还要保护内部的各种仪器设备，为它们创造良好的工作环境。箭体结构一般由有效载荷整流罩、推进剂贮箱、输送系统、仪器舱、级间段、发动机架和尾段等几部分组成。

有效载荷整流罩是把有效载荷或末级火箭包封起来的部件，其功用是在大气层飞行阶段保护有效载荷。推进剂储箱是储存推进剂的容器，占了火箭体积的大部分。动力系统用来给贮箱加注推进剂和向发动机供应推进剂、提供增压气体等。仪器舱用以安置仪器设备。多级火箭还要有级与级之间的连接部件，即所谓级间段。发动机架是传递发动机推力的承力构件，也是安装发动机及其附件的支承体。火箭的尾部是发动机的保护罩。

箭体结构一定要做得足够结实。另一方面，为了提高火箭的性能，又要求箭体结构要尽可能轻巧。因而火箭通常采用质量小、强度高的结构材料，如铝合金和复合材料等来制造，当然还必须采用合理的力学结构。

火箭类型 >>>

可以根据用途、发动机类型、规模、级数等，来对火箭进行不同的分类。如根据用途，可将火箭分成卫星运载火箭、军用火箭、探空火箭、救灾火箭等等。根据发动机的类型，可将火箭分为固体火箭、液体火箭、混合火箭。下面先来简单介绍一下使用化学火箭发动机的火箭种类。

固体火箭　顾名思义，固体火箭就是使用固态燃料和氧化剂的火箭。古代的火箭都是固体火箭，现在燃放的烟花也都是些最简单的、使用黑火药的玩具火箭。固体火箭发动机主要由壳体、固体推进剂、喷管组件、点火装置等四部分组成。

固体火箭发动机具有结构简单、点火容易、发动机质量比适中、比冲适中等优点。但也有推进剂耗尽前难以熄灭、不能及时节流、处理推进剂混合物容易引起爆炸、推进剂添加困难等缺点。由于这些特点，固体火箭大多用于对推力、末速度等要求不是很高的探空火箭、空空导弹、地对空导弹和洲际导弹等场合。也用作大型运载火箭的助推器。

我国20世纪60年代至70年代使用的红旗系列地空导弹，使

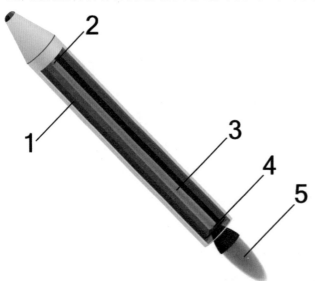

1.燃烧剂－氧化剂的固体混合物（颗粒）；2.点火器，作用是点燃固体推进剂；3.燃烧室，即固体推进剂中间的圆柱形小孔；4.阻挡热气流的喉道；5.喷出气体

◀‖固体火箭发动机结构简图‖▶

用的是固体火箭。2013年9月25日，中国成功地发射了"快舟一号"灾害应急监测和抢险卫星，由快舟一号运载火箭发射。快舟一号运载火箭是一种体积小、重量轻、成本低、研制周期短、发射方式快速灵活的新型固体火箭。2017年1月9日发射三颗小型商业卫星的"快舟一号甲"小型运载火箭，是在"快舟一号"基础上进行了适应性改进的一型低成本、高可靠性的通用型固体运载火箭。其采用国际通用接口，可为300千克级以下的低轨小卫星提供发射服务，这标志着我国的固体火箭运载技术已在商业化的道路上阔步前进了。

2015年9月25日首次发射的长征十一号运载火箭也是一种固体火箭。2019年3月5日下午14时，我国自主打造的200吨推力大型先进固体火箭发动机，地面热试车完满成功。它将用于长征十一号固体运载火箭的改进型，这将大大提高长征十一号的各项性能。我国的固体火箭技术已经进入世界先进行列。

液体火箭 液体火箭是使用液体推进剂发动机的火箭。这种火箭的构想，最初出现在齐奥尔科夫斯基1903年发表的《利用火箭装置探索外层空间》一书中。由于齐奥尔科夫斯基当时仅是一名中学教师，此书没有引起科学家的注意，也没有传播到国外去。戈达德在1909年的笔记中也提出液体火箭思想，但也没有引起广泛的注意。1930年苏联的格鲁什科也设计出了第一台液体火箭发动机。据说还有一位名叫佩德罗·波莱的秘鲁发明家，在1895年建造了一枚液体推进的火箭发动机。

由于液体火箭发动机推力大、可以达到的速度高，齐奥尔科夫斯基、戈达德等航天先驱都指出了只有使用液体火箭才能脱离地球引力而进入太空。液体火箭发动机的工作原理是：储存的燃烧剂和氧化剂由燃烧剂泵和氧化剂泵抽取，经过各自的管道射入燃烧室，燃料和氧化剂一接触，在极短的时间内即自行燃烧，产生大量热气流，经过喉道时，

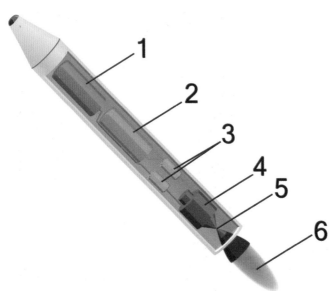

1.液体燃烧剂储箱；2.氧化剂储箱；3.燃烧剂泵和氧化剂泵；4.燃烧室；5.喷气喉道；6.喷出气体

◀‖ 液体火箭发动机结构简图 ‖▶

横截面积缩小，气流以非常高的速度喷出，从而反推火箭前进。

液体火箭发动机的比冲高，推力范围大，能反复起动，能控制推力大小，工作时间较长。液体火箭发动机的这些优点使它成为大型运载火箭的主力军。

到目前为止，世界上最强大的单燃烧室火箭发动机是用在土星 V 型运载火箭上的 F-1 火箭发动机。F-1 的喷管直径达 3.76 米，推力可达 6 800 千牛左右。这样大的推力，使得装有 5 台 F-1 发动机的土星 V 火箭的总推力超过 30 000 千牛，可以在 150 秒的时间内把土星 V 型火箭送到 64 千米的高度，同时达到 2.76 千米／秒的速度。

世界上最强大的多燃烧室液体

◀‖ 冯·布劳恩和土星 5 号火箭 ‖▶

火箭发动机是苏联的 RD-170 火箭发动机，1985 年第一次用于天顶系列运载火箭发射。它有 4 个燃烧室、四个喷管，推力达 10 000 千牛左右。燃料是煤油，氧化剂是液氧。

混合火箭 混合火箭的全称为使用混合推进剂的火箭。混合火箭发动机可分为固液混合式和液固混合式两种。固液混合式发动机的燃烧剂为固体，氧化剂为液体；液固混合式发动机正好与此相反。从性

◁‖ RD-170 火箭发动机模型 ‖▷

能上说，固液混合火箭发动机的比冲高于固体火箭发动机，低于液体火箭发动机。从系统和结构来说，它的优点是简单紧凑；缺点是燃烧效率低，推进剂混合比不易控制，调节推力时能量损失较大。

混合火箭的研制很早就开始了。德国化学工程师列昂尼德·安德鲁索（Leonid Andrussow，1896—1988）第一个从理论上指出了使用混合推进剂的可能性，1929 年奥伯特研制了使用液氧和石墨分别作为氧化剂和燃烧剂的混合火箭。20 世纪 30 年代末，德国法本化学工业公司

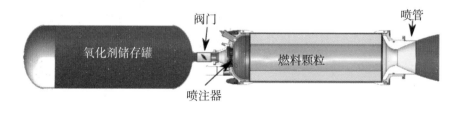

◁‖ 混合推进剂火箭发动机原理图（Wiki）‖▷

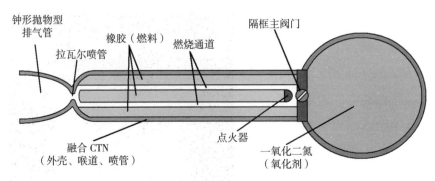

钟形抛物型排气管
拉瓦尔喷管
橡胶（燃料）
燃烧通道
隔框主阀门
融合 CTN（外壳、喉道、喷管）
点火器
一氧化二氮（氧化剂）

◀‖ 太空船一号使用的混合式火箭发动机 ‖▶

（IG Farben）进行混合火箭的研究和制造。与此同时，美国加利福尼亚太平洋火箭学会试制使用液氧作为氧化剂、使用包括橡胶在内的多种材料作为燃烧剂的混合火箭成功。橡胶是最成功的燃烧剂，到现在还在使用。

2004 年 6 月 21 日，完成人类第一次私人资本太空飞行的太空船一号，使用的就是混合推进剂火箭发动机。固体燃料是羟基聚丁二烯，氧化剂是液体一氧化二氮。

火箭除按发动机类型分类之外，还可以按级数分为单级火箭、多级火箭。

单级火箭 单级火箭只装有一级发动机。由于单级火箭没有前级可以废弃，故其最大速度不能达到 7 千米 / 秒以上。这正是齐奥尔科夫斯基和戈达德等人指出必须使用多级火箭才能达到第一宇宙速度的原因。不过随着材料性能的提高和技术的进步，用单级火箭发射到达第一宇宙速度的航天器已逐渐变得可能。单级火箭结构简单、发动机数量少和没有分离装置，所以可以有效降低成本，提高可靠性。

多级火箭 多级火箭是由数收火箭发动机连接成的火箭，每一级都装有发动机，一级燃料用完后，下一级火箭发动机开始工作，上一级自动脱落。由于抛掉了上一级发动机，箭体的质量减轻了，这样火箭的连续飞行能力与最终速度就可以得到有效的提高。所以当前所有的人造卫星、载人飞行器以及其他深空探测飞行器几乎都由多级运载火箭运送。

但是多级火箭也有缺点，它结构复杂，在级与级之间要增加级间连接装置；级数愈多结构愈细长，弯曲刚度愈差；分离次数多，不容易实现气动稳定。这不仅降低了它的可靠性，而且增加了制造成本。

长征系列运载火箭 >>>

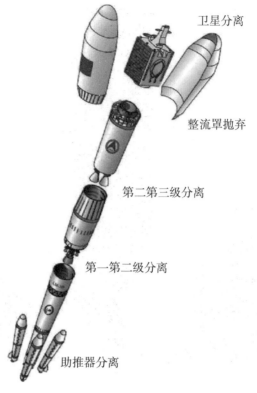

卫星分离

整流罩抛弃

第二第三级分离

第一第二级分离

助推器分离

◀‖ 多级火箭分离示意图 ‖▶

承担了我国多个重要发射任务的长征三号乙运载火箭，是一种大型三级液体捆绑式火箭。2018 年 12 月 8 日它成功地把嫦娥四号月球探测器发射上天；2019 年 3 月 10 日在西昌卫星发射中心又把中星 6C 通信卫星发射上天，这是它的第 55 次发射，也是整个长征系列火箭的第 300 次发射；2019 年 3 月 31 日它又把天链一号 01 卫星送入轨道；4 月 20 日和 6 月 26 日又把北斗三号的两颗倾斜地球同步轨道卫星送入预定轨道。长征三号乙运载火箭全箭起飞质量为 465 吨，全长为 54.838 米，发射地球同步卫星的有效载荷达 5.1 吨，是我国用于商业卫星发射的主力火箭。

为了满足航天发展需要、缩小中外差距，2006 年立项研制了中

◀‖长征三号乙运载火箭‖▶

国新一代的运载火箭——长征五号系列运载火箭。长征五号运载火箭也是一种多级火箭。由于身宽体重，故得了个外号——"胖五"。"胖五"采用国际先进的模块化设计方法，火箭各组成部分对应不同的模块：芯一级对应5米直径火箭芯级模块，芯二级对应5米直径火箭上面级模块，助推器对应3.35米直径火箭助推级模块。各种模块的不同搭配再加上整流罩等火箭部件就可以形成不同构型的火箭。目前它已有两种构型：基本型（CZ-5）和一级半构型的长征五号乙（CZ-5B），以后还将有添加上面级的长征五号 / 远征二号运载火箭（CZ-5/YZ-2）。其基本型（CZ-5）的起飞质量为879吨，全长为56.97米，起飞推力10 524千牛。可将25吨有效载荷送上低地球轨道或将14吨的有效载荷送入地球同步轨道，是目前我国推力最大的运载火箭系列。

第一枚长征五号运载火箭长五遥一在天津港装船，由新型运输船"远望"21号、22号运输，经渤海、黄海、东海、台湾海峡、南海、琼州海峡等海域，航行约1 800海里（1海里=1 852米），运抵海南省清澜港西码头。再通过公路运输到达文昌卫星发射中心。于2016年

11月3日首飞成功，但2017年7月2日，长五遥二在发射实践十八号卫星时，却未成功。经过一段时间的沉寂，"胖五"的消息又出现公众视线中。嫦娥六号、七号、八号以及木星探测器等都将由长征五号发射，长征五号乙将用来发射低地球轨道上中国空间站的天和号核心舱和几个实验舱。"胖五"现已跻身世界大型火箭之列。

三、太空之争

领先一步 >>>

火箭是登天之梯。1903 年齐奥尔科夫斯基建立航天学理论；戈达德 1919 年首次提出了探月设想，1920 年出版了《达到极大高度的方法》，这是在齐奥尔科夫斯基之后第一本认真讨论使用火箭在太空旅行的著作；1923 年奥伯出版了《飞向行星太空的火箭》。

在这些航天先驱的引领下，人类并没有立即走上了登天之路，火箭技术没有首先使用在太空飞行的领域里，而是变作了战争武器。第一次世界大战期间，美国军方关心的只是戈达德的火箭技术能否用于军事目的。第二次世界大战后期，纳粹德国制造的秘密武器 V–2 火箭，更是直接变成了杀戮无辜平民的凶器。

V–2 火箭的出现震惊了世界，二战末期，同盟各国军方都想获得 V–2 的秘密，以加强本国军事力量。美国的"回形针计划"，获得了 1 000 多名德国科学家、工程师和技术人员。

苏联也想获得 V–2 火箭的秘密。1945 年 3 月占领佩内明德后，苏军发现所得到的仅是一个空壳，冯·布劳恩等相关人员已经携带资料和 V–2 的一些半成品，逃往德国南部的巴伐利亚了。于是不得不在 1946 年 10 月 22 日启动了奥索维亚希姆计划，把苏占区内的 2 200 多名德国科学家（连同家属共 6 000 多人）转移到苏联境内，也把佩内明德的 V–2 部分零部件以及制造设备等一股脑儿搬到苏联境内。当复原 V–2 成功后，这批人不再有用，1950 年就把他们全部遣返回国。他

◀║104名德国火箭科学家║▶

们之中的一些人，如V-2火箭工程师赫尔穆特·格罗特罗普（1916—1981）等人，以后也转移到了美国。这些德国的杰出科学精英在美国争夺航天领先地位时也都发挥了重要作用。

后来有人评价说，V-2火箭是现代运载火箭、洲际导弹和航天技术的鼻祖。在美国的卫星上天、人类登月的过程中，冯·布劳恩功不可没。可以说没有冯·布劳恩等人，美国的这些计划要推迟许多年才能实现。而苏联，除了开始几年山寨V-2火箭、仿制出了R-1（俄文为P-1）火箭外，以后基本都是依靠本国的人才创造出航天奇迹的。

1957年10月4日，苏联成功发射了世界上第一颗人造卫星——"卫星1号"，开启了人类航天的新纪元。地球在数十亿年的漫长时间里，只有月球一颗卫星。"卫星1号"发射后，地球就拥有了第二颗卫星，而且是人类自己制造的。现在有2 000多颗人造卫星绕地球运行，月亮不再孤独，嫦娥不再寂寞。

乌国双星 >>>

说起苏联航天科技的发展，必须要提到谢尔盖·帕夫洛维奇·科罗廖夫（1907—1966）和瓦连京·彼得洛维奇·格鲁什科（1908—

◁∥科罗廖夫∥▷

1989）。两人是苏联著名火箭专家和火箭发动机设计师，都是苏联科学院院士。

科罗廖夫是苏联航天计划的总设计师，他领导研制了世界第一枚洲际弹道导弹、第一颗人造卫星、"东方号"和"上升号"系列宇宙飞船，实现了人类历史上第一次载人宇宙飞行和第一次太空行走，被称为"苏联运载火箭之父"。格鲁什科则是一位天才的火箭发动机专家，他设计了一系列的火箭发动机，用于苏联的各种洲际弹道导弹、人造卫星、载人航天器、空间站的发射。

科罗廖夫出生在距乌克兰基辅市 200 千米的古城日托米尔。父亲和母亲都是虔诚的东正教教徒。科罗廖夫从小就对航空和飞机等感兴趣。1922 年，科罗廖夫 16 岁时，一天他和母亲正漫步在普希金大街上。突然，他向母亲要 50 戈比，母亲问他作什么用，他认真地说："我想加入飞行协会，要交纳入会会费。" 就这样，年纪轻轻的科罗廖夫迈出了航空飞行的第一步。

1929 年，科罗廖夫在莫斯科鲍曼高等技术学校毕业，获得了飞机设计师的资格证书。也是在这一年，他和同伴们一起去卡卢加市拜访了俄罗斯航天之父齐奥尔科夫斯基。这位现代宇宙航行学的奠基人热情地接见了这些年轻人。科罗廖夫异常兴奋和激动，满怀信心地宣布："从现在起，我的目标是飞向星球！"齐奥尔科夫斯基非常赞赏地说："这是一项艰难的事业。年轻人，相信我这个上年纪人的话吧，这项事业需要有知识，要坚忍不拔，也许要付出毕生生命。"科罗廖夫坚定地回答："我不怕困难。"齐奥尔科夫斯基非常高兴，他把许多有关这方面的书籍送给了科罗廖夫。这一次会见在科罗廖夫的心里留下了终生难以忘却的记忆，成为毕生鼓舞他征服宇宙的动力。

1930 年开始，科罗廖夫就把他的兴趣和注意力从航空转向宇宙航行。1931 年，他与弗里德里希·灿德尔（1887—1933）以及一群业余研究者一起成立了"反作用运动研究小组（Group for the Study of Reactive Motion，简称 GIRD）"。这是世界上第一个大型专业火箭研究组织，也是最早获得苏联国家资助的火箭研发中心之一。1933 年 8 月 7 日，GIRD 成功发射了一枚由灿德尔研制的液体燃料火箭 GIRD-X，使用液氧和汽油作为推进剂，这是苏联发射的第一枚液体燃料火箭。

1933 年 10 月 31 日，反作用运动研究小组和气体动力实验室合并，成立火箭科学研究所，这是世界上第一个火箭科学研究所。科罗廖夫任副所长，主管科研工作，不久他就全面主持研制火箭飞行器。

1934 年，科罗廖夫出版了他的第一部著作——《大气层中的火箭飞行》，书中阐述了有关大气层飞行作用的几种设想。1935 年 3 月，科罗廖夫做了题为《载人飞行的飞航式火箭》的报告，在报告中他指出："飞航式火箭对于研究人的超高空飞行和研究高层大气有着重要意义。必须掌握火箭技术原理，首先达到高层大气和电离层的高度。"

当时在科罗廖夫领导的火箭科学研究所里还有另一颗乌克兰的灿烂明星，他就是格鲁什科。

格鲁什科出生在乌克兰的敖德萨。14 岁时，他阅读了儒勒·凡尔纳的科幻小说后，就对航空飞行产生了极大的兴趣。1923 年，他还曾给齐奥尔科夫斯基写过信。1924—1925 年间，他写了论述月球探索和在太空飞行中使用齐奥尔科夫斯基所提议的发动机的一系列文章。后来他进入列宁格勒国立大学学习物理学和数学。1929 年 4 月离开大

◀‖格鲁什科 ‖▶

学后，他在空气动力实验室继续进行火箭研究。1929年格鲁什科加入气体动力学实验室后，实验室成立了第二分部。从1930年开始，在格鲁什科领导下第二分部着重试验液体火箭发动机所需的各项技术。1930—1931年设计了实验型的ORM、ORM-1、ORM-2等发动机型号。1932年，他的设计室改称喷气发动机设计局后，继续从事液体燃料火箭发动机的理论研究与实验，并领导了苏联首批液体火箭发动机的研制工作。在短短的三四年中，格鲁什科以他的天才和热情主持设计了30多种发动机，进行了近百次大小试验，有效地解决了大量技术难题，使困扰多位火箭先驱者的许多难题一一得以解决。

二战以后，格鲁什科领导研制的大型液体火箭，为苏联的中程导弹、洲际导弹以及航天运载火箭立下了汗马功劳。这些贡献的取得与他在20世纪30年代扎实的火箭基础技术研究工作密不可分。

科罗廖夫和格鲁什科可称是珠联璧合的一对双星，他们的结合产生了累累的硕果。例如在科罗廖夫研发的、用途广泛的R-7运载火箭上使用的就是格鲁什科设计的神奇的RD-107发动机。除洲际弹道导弹外，苏联以及后来俄罗斯的卫星号、月球号、闪电号、东方号、上升号以及联盟号宇宙飞船等都是由R-7系列运载火箭发射的，R-7系列火箭是发射次数最多的火箭。2019年3月14日发射的联盟-12宇宙飞船，所使用的联盟-FG号运载火箭也是一枚R-7系列火箭。科罗廖夫和格鲁什科的工作对苏联乃至全世界的火箭事业具有重大意义。

卫星上天 >>>

1955 年 7 月 29 日，美国第 34 任总统艾森豪威尔宣布，美国将在国际地球物理年（1957 年 7 月 1 日—1958 年 12 月 31 日）期间发射一颗轻型人造地球轨道卫星。受此消息刺激，苏共政治局批准了科罗廖夫的建议，立即启动了人造卫星计划。科罗廖夫和他的设计局立即着手研制第一颗人造地球卫星，也是预定在国际地球物理年发射。

发射第一颗人造地球卫星，有几项工作必须完成：一是改装 R-7 火箭，这个任务业已完成；二是制造一颗人造卫星；三是建造发射人造地球卫星的发射场以及若干个地面观测站。

对于卫星的设想，科罗廖夫阐述了自己的意见：为了赶在美国之前发射，卫星可以建造得简易一些。他说："我认为，第一颗卫星的外形应当简单而富于表现力，要近似于自然天体。"科罗廖夫还满怀信心地指出："在人们的意识中，它将是人类航天时代开始的永恒象征。我们不能忽视目前进行的试验所具有的历史意义。无线电发射机应该选用这样的波长，让全世界各地的无线电爱好者能够接收到它的信号。更重要的是，要计算好第一颗卫星的轨道及其光学性质，使地球上所有人能亲眼看到它的飞行。"

根据这些原则，只用了 3 个月的时间，就完成了一颗简易卫星的制造。卫星本体是一只用铝合金做成的圆球，外径 58 厘米，重 83.6 千克，内部充有 1.3 个大气压的干燥氮气。圆球外面附着 4 根弹簧鞭状天线，其中一对长 240 厘米，另一对长 290 厘米。卫星内部装有两台无线电发射机，频率分别为 20.005 兆赫及 40.002 兆赫。无线电发射机发出的信号，采用一般电报讯号的形式，每个信号持续时间 0.3 秒、间歇 0.3 秒。卫星的发射日期原定于 1957 年 10 月 6 日，但科罗廖夫认为美国可能会在 1957 年 10 月 5 日发射卫星，于是改变计划，决定提前在

1957 年 10 月 4 日发射。

　　发射卫星 1 号用的是"卫星号"运载火箭，由 R-7 改装而成。"卫星号"运载火箭以每小时 29 000 千米（约 8.05 千米 / 秒）的速度把卫星 1 号送上椭圆近地轨道。距离地面最远 964.1 千米，最近 228.5 千米，与地球赤道平面的夹角为 65.1°，96.2 分钟绕地球一周。

　　"卫星号"运载火箭为一级半结构，由芯级和 4 个捆绑助推器组成，共有 20 台主发动机 和 12 台游动发动机，推进剂为液氧和煤油。火箭全长 29.17 米，起飞质量 267 吨，起飞推力 3 900 千牛。它的低地轨道运载能力可达 1 300 千克，远大于卫星 1 号的 83.6 千克，所以以后可以轻松地发射更重的卫星。"卫星号"运载火箭一共发射了 3 次，除卫星 1 号外，1957 年 11 月 3 日发射了载有第一条太空狗莱卡的卫星 2 号（508 千克）；1958 年 5 月 15 日发射了重达 1 327 千克的卫星 3 号。这三颗人造卫星都是属于科学研究性质的卫星，全部从拜科努尔航天发射场发射。

　　拜科努尔航天发射场当初是为了发射第一枚洲际弹道导弹 R-7 而修建的，于 1955 年奠基建造。在 R-7 改作发射太空飞行器的运载火箭之用后，该发射场就变为航天火箭发射场。拜科努尔航天发射场位于哈萨克斯坦咸海东面约 200 千米、锡尔河北岸的拜科努尔大草原上。苏联解体后，哈萨克斯坦共和国政府将拜科努尔航天发射场租借给俄罗斯政府使用至 2050 年。拜科努尔航天发射场是世界著名的航天发射场，苏联、俄罗斯的大部分重要航天发射都是在那里进行的，著名的有第一颗人造地球卫星、第一艘载人宇宙飞船、联盟号国际空间站等等。

　　1957 年 10 月 4 日夜，拜科努尔航天发射场上探照灯灯光闪烁，载有卫星 1 号的火箭直指天空。随着一声点火令下，"卫星号"火箭于协调世界时 19:28:34，托举着卫星 1 号划破夜空，直冲苍穹。

　　卫星和运载火箭分离后，R-7 的核心级在轨道上一直停留到 12 月

2日。卫星1号在近地轨道绕地球转了1 400多圈，到1958年1月4日，整整3月后，坠入大气层焚毁。卫星1号发射了3个星期的信号，发回了许多地球高层大气的物理、气象数据，具有极大的科研价值。卫星1号的上

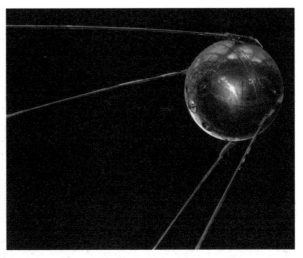

◀‖第一颗人造地球卫星"卫星1号"‖▶

天，给世界各国提供了一个成功的经验，很多国家后来发射自己的第一颗人造卫星都是以此为范本。

探月计划 >>>

实现了第一颗人造地球卫星上天后，苏联马上把目标锁定在探月上，制订了月球号探月计划。从1958年至1976年，苏联共发射了24个月球号探测器，其中18个完成各项探测月球的任务。

1959年1月2日，月球1号在拜科努尔发射场顺利升空，随即离开地球轨道，成为人类发射的第一个摆脱地球引力场的航天器。两天后，月球1号在距离月球5 995千米的高空与月球擦肩而过，彻底摆脱了地球引力，进入太阳轨道，成了第一个人造行星，以450天的公转周期绕太阳运行。

1959年9月12日发射的月球2号，两天后飞抵月球。在月面的澄海地区实现了硬着陆，在月球表面留下了第一个人类制造的物体。紧接着，10月4日又发射了月球3号，3天后绕行到月球背面，发回了

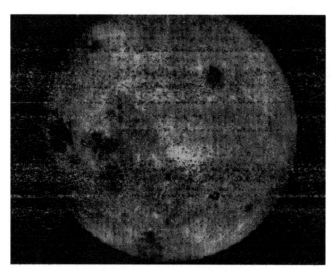

第一张月球背面的照片，让世人第一次目睹了从未看到过的月亮背面图像。由于当时的技术水平限制，照片不太清楚，但它毕竟是人类第一张月背照片。

◀‖人类第一张月球背面照片‖▶

1966 年 1 月 31 日苏联发射了月球 9 号。2 月 3 日，在月球的风暴洋附近成功软着陆，并用摄像机拍摄了月面的照片。1969 年 7 月发射的月球 15 号，从月球带回了土壤样品。1970 年 9 月 12 日，苏联质子号火箭发射了月球 16 号，9 月 17 日在月面的丰富海附近成功软着陆，1 小时后月样采集系统开始工作，7 分钟内钻头钻进月球表面 35 厘米，取得 101 克的月球样本。月球 16 号在月面停留 26 小时后，9 月 21 日开始返程回地球，9 月 24 日，返回舱在哈萨克斯坦杰兹卡兹甘东南 80 千米处成功降落。同年 11 月 10 日同样由质子号火箭发射了月球 17 号，月球 17 号在许多方面与月球 16 号非常相似，只是携带了"月球车 1 号（Lunkhood–1）"。月球车 1 号的任务并不仅仅是在月面上行走并拍摄照片，还包括更多的科学实验。

苏联的探月计划以后又进行了多次，但由于阿波罗 11 号实现了人类登陆月球，更多的无人探月计划已经失去了重要意义，于是 1976 年苏联终止了探月计划。

载人航天 >>>

卫星 1 号是人类太空飞行的第一个里程碑，下一个里程碑就是的载人航天。载人航天也是由苏联最先实现的，总设计师仍是科罗廖夫。

苏联的载人航天计划始于 1958 年东方号太空飞船的研发。东方号太空飞船的太空舱是以泽尼特空中侦察卫星和月球号卫星为基础发展出来的。东方号太空飞船的运载工具也是 R-7 运载火箭。

◁‖ 东方号太空飞船样品 ‖▷

1959 年 1 月，苏联空军的医生开始在空军中挑选第一批航天员，总设计师科罗廖夫对他们的要求是：必须是年龄在 25 ～ 30 岁之间（后来有所放宽）、身高不超过 1.75 米、体重不超过 72 千克的男性空军飞行员。有 200 多人参与了挑选，经过低气压、离心机等多种测试，只剩下 20 名，其中的 12 人后来作为航天员进入了太空。1960 年 1 月成立了航天员培训中心，在里面建造太空飞行模拟器。为了提高模拟器训练的效率，挑选所谓的 "6 先锋" 进行加强训练。由于有人不能适应训练的要求，人选几经调整，最后的 6 先锋是加加林、季托夫等 6 人。

　　1960 年 5 月 15 日，带有不载人太空舱的一艘东方号太空飞船成功进入轨道。当时为了保密的缘故，没有用东方号的名字，而把它叫作"卫星飞船 1 号"。由于制导系统的一个瑕疵，进行第 64 次轨道飞行时，推进器突然点火，把它送入一条更高的轨道。4 天后制动火箭启动，仪表舱和降落舱互相分离，由于处在一条不正确轨道上，故没有按照计划返回地球。降落舱 1962 年 9 月 1 日重返大气层，有一块碎片掉落到了美国威斯康星州一个小城的街道上。仪表舱直到 1965 年 10 月 15 日才重返地球。

　　由于"卫星飞船 1 号"只是取得了部分成功，1960 年 8 月 19 日又发射了"卫星飞船 2 号"。"卫星飞船 2 号"载有两条首次进入太空的狗：贝尔卡（松鼠）和斯特列尔卡（小箭）以及其他多种生物样本：一只灰兔、42 只老鼠、2 只硕鼠、若干苍蝇以及一些植物和真菌等。这次任务圆满完成，经过 26 小时太空飞行后，所有生物都活着回到地面。经生理测试，两条狗的健康状况良好。贝尔卡和斯特列尔卡成了最先从太空

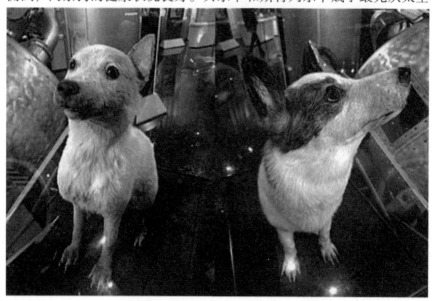

◁‖太空狗贝尔卡（左）和斯特列尔卡（右）‖▷

轨道活着回到地面的两条狗。

"卫星飞船2号"的成功，给了设计者信心和勇气。1961年4月12日协调世界时6时07分（莫斯科时间9时07分），加加林乘坐东方1号太空飞船从拜克努尔发射场起飞，在近地点180千米、远地点327千米的近地椭圆轨道上绕地球运行了一周，1小时48分钟后，于1961年4月12日10时55分（莫斯科时间）安全返回地面，完成了世界上首次载人宇宙飞行，实现了人类进入太空的愿望。前一天，医生对加加林和后备人员季托夫做了全面健康检查，确认两人身体情况都良好，完全可以胜任明天的太空飞行任务。晚上临睡前，医生给了他们药物，希望他们能睡一个好觉。不料两人都没有服药，依然一觉睡到天明。而总设计师科鲁廖夫却是彻夜未眠，一直在思考第二天发射的每一个细节。

一切准备就绪，6时07分无线电通信系统里响起了总设计师科鲁廖夫的声音："初始级……中间级……主发动机点火升空！我们祝你太空旅行愉快，一切顺利！"加加林回答说："让我们起航吧！"

6时13分，加加林报告说："飞行状况持续良好。我看到了地球。能见度很好……我几乎可以看清所有的东西。"这是人类第一次在太空中亲眼看到了地球。6时37分，加加林在夏威夷群岛西北的北太平洋上空看到了日落。6时48分，飞船通过赤道。加加林报告说，

◀▎尤里·阿列克谢耶维奇·加加林 ▎▶

已进入晚间。

7时25分，返回火箭点火。7时55分，在距离地面7千米处，飞船的太空舱被打开，2秒后，加加林被弹出。在2.5千米的高空，主降落伞打开。10分钟后，加加林和太空舱在预定降落地点以西280千米、伏尔加河畔的恩格斯城安全降落。至此，人类第一次太空飞行圆满成功，苏联举国欢腾，全世界为之震动。

1961年8月6日"东方2号"发射成功，航天员是季托夫。"东方2号"环绕地球飞行17圈后，于8月7日返回地面，历时25小时18分。一年后的1962年8月11日，"东方3号"太空飞船升空。这是第一次载有两名航天员的飞船在太空轨道上飞行。一天以后"东方4号"太空飞船升空。"东方3号"和"东方4号"最近时相距只有6.5千米，实现了人类第一次在太空进行无线电联系。

1963年6月14日发射的"东方5号"，其轨道飞行时间达4天23小时07分。并且与6月16日发射的"东方6号"实现了编队飞行。"东方6号"上的航天员是捷列什科娃，她是世界上第一名女性航天员。

◀‖世界上第一名女航天员捷列什科娃‖▶

捷列什科娃是这样回忆自己的首次太空飞行的："我稳坐在宇宙飞船的密封舱内，没有想到自己的家庭，也没有想过是否能返回地球。我脑子里只装着未来 24 小时内承担的使命和责任：拍照片、拍电影、并且做科学实验……但是，最值得一提的是，当我在太空中看到无比壮观的地球时，实在抑制不住内心的激动，我对她产生深深的眷恋。我向这颗美丽的星星——地球提出延长在太空逗留的时间，领导批准我绕地球飞行 48 圈。我飞行了 70 小时 50 分钟，航行约 200 万千米，这是我一生中最大的幸福。"

东方号是苏联的第一代载人太空飞船，第二代是上升号太空飞船。上升号太空飞船原本并不是科罗廖夫首先考虑的新航天计划。但他所考虑的都是长期项目，与当时激烈太空竞争形势并不相符。美国已经实施水星计划，1961 实现了载人太空飞行，并宣称双子星计划将把两名航天员送入太空。这深深刺激了苏联，为了不让美国领先，科罗廖夫被要求在美国之前，把多名航天员送上轨道。由于时间紧张，不能在短时期内研发新的太空飞行器，只能把东方号飞船加以改进，使之成为能够载有多人的上升号运载火箭。

上升号运载火箭于 1963 年 11 月 16 日进行首次发射，没有载人，只是将第二代照相侦察卫星"宇宙 -22"送入近地轨道。1964 年 10 月12 日，第一艘"上升号"载人太空飞船发射上天。飞船上载有三名航天员，为苏联夺得了又一个第一——第一次实现了多人航天。1965 年3 月 18 日，发射了"上升 2 号"太空飞船。该飞船有两名航天员——别列亚也夫空军上校和列昂诺夫空军中校。列昂诺夫在舱外空间环境中行走了 12 分钟，成为太空行走第一人，夺得了太空行走的世界第一。

至此，在太空竞争的第一阶段，毫无疑问苏联取得了领先。

美国第 34 任总统艾逊豪威尔对载人太空计划并不热心。他认为这个计划耗资巨大，会影响 B-52 轰炸机、陆基洲际弹道导弹、北极星潜艇等计划的实施，不符合核威慑的战略目标。

1960 年 11 月，约翰·F·肯尼迪入主白宫。虽然他在竞选期间向选民承诺，要使美国在太空探索和导弹防御上全面超越苏联，显得对太空计划较为热衷，但也并没有立刻决定实施登月计划，高昂的成本使得他不得不审慎对待任何一个太空探索计划。当第一任国家航天局（NASA）局长詹姆斯·韦伯要求增加 30% 的年度财政预算时，肯尼迪只同意加快大型推进器的研发工作，没有支持其他更大的项目。在 1961 年 1 月的国情咨文中，肯尼迪倒是建议进行国际合作，开展载人太空计划，但遭到了赫鲁晓夫的拒绝。

1961 年 4 月 12 日加加林上天后，肯尼迪感到这已经严重损害了美国国家安全和国际威望，也深深地刺激了美国人，把肯尼迪逼到了十分尴尬的境地。有人已经预言"肯尼迪将会在下一次竞选时下台"。

肯尼迪迅速改变了态度，1962 年 9 月 12 日，他在赖斯大学做了题为《我们选择登月》的著名演讲。他说："我们选择登月。我们选择在这十年里登上月球以及做一些其他的事情，并不是因为它们轻而易举，而是由于它们困难重重……"

美国航天事业的起点，并不是从自己的先驱人物戈达德那里开始的，直到二战末期，V-2 导弹的发射，才使他们意识到航天技术的重要性。

1943 年夏，当时在美国加州理工学院任教的美籍匈牙利犹太裔航天工程学家冯·卡门得到了德国大规模发展 V-1 和 V-2 导弹的情报。发现美国的火箭技术与纳粹德国相比相差甚远，提出了发展弹道导弹的建议。

1944 年 1 月，美国陆军炮兵部和加州理工学院联合开展了炮兵部和加班理工学院联合计划，简称 ORDCIT 的计划。该计划的最终目标是研制多种实用的导弹武器。ORDCIT 计划最初包含研发新兵、列兵、下士和军士（萨金特）等四个型号的火箭。1944年12月，冯·卡门的学生马林纳从英国了解V-1和V-2导弹情况归来，建议先搞一个小一点的探空火箭作为过渡。这种过渡型的探空火箭比下士火箭要小，被戏称是下士火箭的小妹妹，取名"女兵下士"。1945年9月16日，第一枚"女兵下士"探空火箭试验弹在新墨西哥州白沙导弹发射场发射。1946年5月10日发射的一枚"女兵下士"，超过原来的设计指标，升空高度达到80千米。按照当时美国的标准，这个高度已经算到达太空的边缘了。1949年2月24日，用V-2火箭作为第一级发射的"女兵下士"最终速度达到2.3千米/秒，超过音速5倍多。这是美国本土开发的第一枚探空火箭，为以后美国的探空火箭乃至运载火箭研发打下了基础。

二战结束时，美国通过回形针计划得到了包括冯·布劳恩在内的大批德国科学家和工程师。根据冯·布劳恩提供的线索，美军找到了布劳恩的14吨火箭技术文件以及大量V-2火箭部件。300多节火车车皮把所有这些运到了新建成的白沙导弹发射场，在那里进行了重新组装和试验。1946年至1951年间，白沙导弹发射场多次试验发射了V-2火箭。通过这些发射，培养、训练出了一批以后直接承担火箭开发任务的科学家和工程师。

冯·布劳恩和其他人员转移到美国后，辗转来到了得克萨斯州埃尔帕索附近的布利斯堡，为军方服务。在那里他们并没有得到重用，生活条件也不好，有人抱怨"食品淡而无味"，后来在爱因斯坦等人的呼吁下条件有所改善。冯·布劳恩在白沙导弹发射场只是训练一些来自军界、工业界和大学的人员，向他们讲解复杂的火箭和导弹原理以及一些制造方面的知识。

1950年，布利斯堡所有的德国人员连同他们的家属以及其他人员共一千多人搬迁到亚拉巴马州亨茨维尔的红石兵工厂。冯·布劳恩也到了那里，此后的20年里，他一直定居在那里。红石兵工厂后来成了美国军械署导弹中心，冯·布劳恩被任命为中心的技术主任，领导那里的火箭开发团队。在 V-2 导弹的基础上，经过一系列的设计和改进，最终开发出了红石导弹。虽然红石导弹作为武器服役的时间并不长，总共也只生产了 120 枚，但它是美国太空计划中一款非常重要的火箭。发射美国第一颗卫星"探险者 1 号"的丘比特 C 火箭就是红石火箭的后裔。阿波罗登月计划使用的水星－红石运载火箭，也是在它的基础上改进、发展出来的。

1957 年 10 月，苏联抢在美国前头成功发射了世界上第一颗人造地球卫星，震惊了美国政府。在此关键时刻，冯·布劳恩毛遂自荐，向国防部立下军令状，承诺在 60 天内将第一颗美国卫星送入太空。鉴于之前的"先锋号"计划屡战屡败，国防部决定给这个美国"二等公民"一次机会，第一次放手让冯·布劳恩去实现自己的太空梦。1958 年 1 月，冯·布劳恩主持研制的丘比特 C 运载火箭，把美国第一颗卫星——"探险者 1 号"送入了预定轨道。尽管这颗卫星被人讥笑为"山药蛋"，不过总算为美国挣回了一些面子。冯·布劳恩声名大振，从"二等公民"一跃成为美国的民族英雄。《时代》杂志还把他评选为"20 世纪 100 名最好的男人之一"。1960 年，冯·布劳恩就任马歇尔航天中心主任，正式担负起了美国航天事业的重任。

肯尼迪总统在做《我们选择登月》那篇著名演讲之前，曾征求过冯·布劳恩的意见。冯·布劳恩认为，要"争取在 10 年内将人类送上月球"。冯·布劳恩的意见加强了肯尼迪的登月决心。

美国载人航天 >>>

水星计划是美国的第一个载人航天计划，也是美国国家航空航天局（NASA）成立后的第一个项目。该项目是在苏联"卫星 1 号"上天之后的三天——1958 年 10 月 7 日，被批准实施的。开始名为"航天员计划"，但因艾森豪威尔总统感到过于侧重航天员，故采用罗马神话中给罗马带来繁荣的守护神"墨丘利（Mercury）"的名字命名。"Mercury"还有水星、水银（汞）等含义，故中文将"Project Mercury"翻译为"水星计划"。

1958 年 10 月 1 日，美国在原国家航空咨询委员会（NACA）的基础上，组建了国家航空航天局（NASA），航天事业从空军转给了这个非军事机构。水星计划的目标是把航天员送入地球轨道并安全返回地面。目的有二：一是在技术层面上，考察人类的生理功能在太空中是否仍然能够维持；二是在政治上，想要以最快的速度和可靠的方式抢先把人送上天，以此来挽回卫星上天落后于苏联而失去的脸面。但后一个目的，由于加加林先于美国人进行了太空飞行，没有达到。

水星计划于 1963 年结束，一共执行了 25 次飞行任务。其中 6 次是载人飞行，包括 4 次亚轨道载人飞行，2 次地球轨道载人飞行。最引人注目的两次载人飞行是 1961 年 5 月 5 日发射的自由 7 号飞船和 1962 年 2 月 20 日发射的友谊 7 号飞船。自由 7 号飞船由水星 – 红石 3 运载火箭发射，航天员是艾伦·谢泼德。这次只是沿最高点为 188 千米的抛物线弹道飞行了 15 分钟，所以被讥讽为"跳蚤的一跃"。不过这是美国的第一次载人航天飞行，成千上万的人观看了这次发射，引起了全美国的轰动。友谊 7 号飞船由宇宙神运载火箭发射上天，航天员是

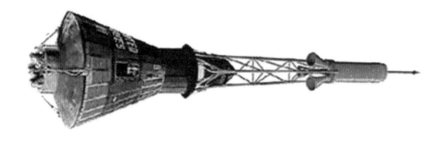

◀‖ 水星号航天器 ‖▶

约翰·格伦，这是一次真正意义上的太空飞行。飞船以每秒 7.84 千米的最大速度，沿远地点为 261 千米、近地点为 161 千米的地球轨道运行，历时近 5 小时。

水星计划整个开发过程比较科学，具有推广的潜力，在大型航天计划的管理上也积累了相当的经验，为以后的双子座计划和阿波罗计划提供了丰富的经验，打下了坚实的基础。

水星计划一共训练了 7 名航天员，史称"水星 7 人"。这也是水星计划中载人太空飞船的名字均含数字 7 的原因。

双子座计划（Project Gemini）是美国的第二个载人航天计划，介于水星计划和阿波罗计划之间，被誉为通向月球的桥梁。原来的名字为水星 Mark II 计划，由于它的太空舱将容纳两名航天员，故在 1962 年 1 月 3 日，改名为双子座计划。双子座是黄道第三宫，它的守护神是墨丘利，英文 Mercury（水星），可见双子座计划与水星计划的渊源。

双子座计划于 1961 年开始，1966 年结束。其主要目的有四：检验航天员长期处于太空中（长达两星期）的能力；航天器如何在绕地轨道和绕月轨道上实现对接和停留；完善重新进入大气层并着陆的技术和方法；进一步搞清长期太空飞行对航天员的影响。从 1964 年 4 月到 1966 年 11 月，双子座计划共执行了 12 次航天任务，均由大力神 II – 双子座运载火箭发射。头两次是不载人飞行，以后 10 次均为载人飞行，每次有两名航天员。双子座太空舱左下方是服务舱，服务舱又分为下舱和上舱。下舱内装推进剂容器、无线电通信装置和电源；上舱内装制动火箭。服务舱内壁是三明治式的波纹板结构，液体的燃烧剂和氧化剂通过服务舱内壁波纹板结构中的孔道被预热，同时也冷却了服务舱的外壁。上舱的上面是可容纳两名航天员的座舱。右边最上端是降落伞舱。

1965 年 3 月发射的双子座 III 号，是双子座计划的第一次载人飞行，绕地球运行了 3 圈。同年 6 月发射双子座 IV 号，实现了美国航天员的第一次太空漫步。8 月发射的双子座 V 号，在太空飞行长达 1 星期，绕地球运行了 120 圈。12 月发射的双子座 VI 号和

◀◀ 双子座太空舱剖面图 ▶▶

VII 号实现了第一次在绕地轨道上的会合。1966 年 3 月发射的双子座 VIII 号，完成了与已在轨道上运行的不载人阿金纳（Agena）目标飞行器会合。6 月发射的双子座 IX 号，与增强型目标对接适配器实现了会合。7 月发射的双子座 X 号，再次实现了与阿金纳目标飞行器的会合，并且第一次使用了阿金纳目标飞行器的推进系统。9 月发射的双子座 XI 号，与阿金纳目标飞行器会合后，使用后者的推进系统，达到了最高点为 1 369 千米创纪录的载人飞行轨道，这个记录一直保持到 2017 年。11 月发射的双子座 XII 号是双子座计划的最后一次飞行。航天员巴兹·奥尔德林在太空创造了 5 小时 30 分的行走记录，证明了人类可以在太空船外进行工作。

通过双子座计划的 12 次发射，美国积累了许多先进的太空飞行技术，执行任务的时间长度足以让飞船往返月球。水星计划和双子座计划的成功实施，为阿波罗计划提供了可靠的技术保证和管理经验。有了这些基础，登月任务可以开始了。

阿波罗计划 >>>

阿波罗计划是美国 NASA 执行的第三个载人航天计划，原来的目

标是在水星计划完成单人太空飞行后，实现三个航天员的太空飞行，后来被肯尼迪政府改为"一人登陆月球，并且安全返回地球"的载人登月飞行和人对月球的实地考察。自 1961 年 5 月开始，至 1972 年 12 月第 6 次成功登月结束，历时 11 年，耗资 255 亿美元。

据说阿波罗的名字是 NASA 主管该计划的亚伯拉罕·西尔弗斯坦起的。一天晚上，他突然感到"太阳神驾驭他的二轮战车通过太阳的情景很适宜这个规模宏大的计划"，于是取名阿波罗计划。在希腊 - 罗马神话中，阿波罗（Apollo）是奥林匹斯十二主神之一，而且是十二主神中唯一的一个在希腊、罗马神话中名字相同的主神，亦称太阳神。

阿波罗计划确实是一个规模庞大的计划，共有 40 多万人、2 万多家公司、200 多所大学和科研机构参与。由于它的规模过于庞大，所以 NASA 内部都有人怀疑载人登陆月球能否成功，甚至就连肯尼迪在 1963 年也差一点同意与苏联联合实施登月计划。

根据阿波罗计划的需要，除了已有的、由红石兵工厂扩建而成的马歇尔航天中心负责土星号火箭的研发外，NASA 又新建了两个中心：一是在休斯敦赖斯大学捐献的一块土地上新建了载人太空飞行中心（1973 年改名为约翰逊航天中心），负责阿波罗计划太空舱的研发、航天员的挑选和训练以及指挥登月飞行及返回地面。二是在佛罗里达卡纳维尔发射基地的北部扩建成立了 NASA 的发射控制中心（后改名为肯尼迪航天中心），冯·布劳恩的 V-2 团队成员库尔特·德布斯被任命为发射控制中心的第一任主任。发射控制中心（即肯尼迪航天中心）负责阿波罗飞行器的装配和发射。阿波罗计划中的 11 次载人飞行，从阿波罗 7 号一直到阿波罗 17 号，全部都是在卡纳维尔发射基地发射的。

为了进一步获得登月时所必需的月球信息，在水星计划和双子座的基础上，又实施了其他 3 项辅助计划。它们是"徘徊者号探测器计划""勘测者号探测器计划"和"月球轨道环行器计划"。"徘徊者号探测器计划"发射了9个探测器，在不同的月球轨道上拍摄月球表面照片1.8万张，以了解登月舱在月面着陆的可能性，但此探测器计划曾多次发射失败。"勘测者号探测器计划"发射了5个自动探测器在月球表面软着陆，发回8.6万张月面照片，测量了月球土壤的特性。"月球轨道环行器计划"共发射3个绕月飞行的探测器，对40多个预选着陆区拍摄高分辨率照片，由此筛选10个预定登月点。

具体的登月方式也是从多个方案中挑选出来的。从直接降落月面、地球轨道交会以及月球轨道交会等几种方案中，最后确定选用月球轨道交会的方式。这种方式是先把携带燃料和生活必需品等大量物资的大型航天器发射到月球轨道上，此航天器由指令–服务舱和登月舱两部分构成。进入月球轨道后，登月舱与指令–服务舱分离。登月舱降落在月球表面，指令–服务舱则继续留在月球轨道上。登月完成之后，登月舱重新起飞，与指令–服务舱在月球轨道会合对接后，一起返回地球。此方案的优点是，重量巨大的指令–服务舱停留在了月球轨道，只是登月舱轻装往返月球，可以少带推进剂，登陆过程也简单。缺点是分离、对接次数较多，技术难度高。

阿波罗计划一开始并不顺利，原计划1967年2月21日进行第一次载人飞行。不过在1月27日进行的一次例行测试中，飞船指令舱发生大火导致航天员维吉尔·格里索姆、爱德华·怀特和罗杰·沙菲三人丧生。这次发射的原来代号是阿波罗–土星204（AS 204），为了纪念这次事故，改名为阿波罗1号。这次事故使阿波罗计划延迟了一年的时间。阿波罗1号失利后，阿波罗2号和阿波罗3号并未实际发射。阿波罗4号到6号都是不载人的测试发射。自阿波罗7号开始才是载人飞行，到阿波罗17号为止，共进行了11次载人航天发射。

1968年10月11日发射的阿波罗7号宇宙飞船，载有3名航天员，在绕地轨道上飞行了163圈，对指令舱的对接系统进行了测试。1968

年 12 月 21 日，阿波罗 8 号宇宙飞船的三名成员从地球飞到绕月轨道后又安全地回到了地球。测试了阿波罗指令舱在地月之间的太空中和绕月轨道上的各种性能，还测试了航天员在太空中的生命保障问题和行为操作能力。阿波罗 9 号是第一艘搭载登月舱的飞船，长时间在绕地轨道上飞行，对登月舱进行了各种检测。1969 年 5 月 18 日发射的阿波罗 10 号飞船是阿波罗登月计划的最后一次彩排。它在绕月轨道上实现了指令舱和登月舱的分离。登月舱下降到离月球表面 15.6 千米的距离，在检验登月舱性能的同时，还详细观测了选作登月地点的"宁静海"的南部。

阿波罗 7 号到 10 号发射的一系列准备工作完成后，可谓万事俱备、只待发射了。1969 年 7 月 16 日协调世界时 13:32（美国东部时间 9:32），巨大的土星 V 号（SA–506，SA 是土星火箭的代号。506 表示是 V 号火箭的第 6 次发射）运载火箭承载阿波罗 11 号太空飞船，将尼尔·阿姆斯特朗（指令长）、巴兹·奥尔德林（登月舱驾驶员）和迈克尔·科林斯（指令舱驾驶员）等 3 名航天员送上登陆月球的旅程。估计 530 万人在发射场附近的公路和海滩观看了发射。当时的美国副总统阿格纽、前总统约翰逊和夫人以及 3500 名记者在现场观看发射。美国总统尼克松和全世界 5 亿多人通过电视直播观看了发射。

倒记时的第 8 秒，地面控制中心发出主发动机点火的指令，第 5 秒航天员报告点火完毕。高达 110.6 米的阿波罗 11 号从肯尼迪航天中心 39 号综合发射平台徐徐升空。发射后 2 分 40 秒第一级火箭脱落，第二级火箭开始工作。3 分 17 秒甩掉紧急救生火箭，9 分 11 秒甩掉第二级火箭。11 分 40 秒第三级火箭熄火，飞船进入绕地圆形轨道，速度达到每秒 7.67 千米。在此轨道上飞行一周半，对飞船进行各项检查，确认正常后，地面控制中心发出指令："一切正常，向月球进发！"于是第三级火箭再次点火，飞船加速到每秒 10.5 千米，飞向月球。30

分钟后，指令－服务舱与土星 V 运载火箭分离，旋转 180° 后与登月舱连接。飞船（指令－服务舱和登月舱）直奔月球轨道。

1969 年 7 月 19 日飞船经过月球背面时，点燃制导火箭使飞船减速进入月球轨道。7 月 20 日飞船飞越月球背面时，登月舱（呼叫代号为"鹰"）与指令舱－服务舱（呼叫代号为"哥伦比亚"）分离。指令舱－服务舱留在月球轨道上继续运行；登月舱

◁◁ 人类在月球表面留下的第一枚足印 ▷▷

减速向月球降落，于 20 日世界时 20:17:43 降落在宁静海南部的萨宾 D 环形山西南 20 千米处。在登月舱着落月面 6 个多小时后，于 21 日协调世界时 2:56，阿姆斯特朗扶着登月舱的阶梯踏上了月球表面，在月面留下了人类的第一个足迹。他说了一句名言："这是一个人的一小步，却是全人类的一大步。"（That's one small step for a man， one giant leap for mankind.）

19 分钟后，奥尔德林也踏上月球。两人在月球表面活动了两个半小时：使用钻探器取得出了两根月球岩芯的标本；在距离登月舱 120 米的位置对东部环形山的边缘拍摄了一些照片；采集了 20 多千克的月表面标本；在离登月舱 7.6 米处插上了一面美国国旗，在登月舱下降级的舷梯处留下了一块有着地球图形、三名登月航天员和尼克松总统签名的纪念牌。

在把背包、月面套鞋、相机和其他一些设备抛弃在月面之后，他

们返回登月舱休息。7 个多小时后，地面指挥中心发出指令，进行返航准备。准备完毕后，7 月 21 日世界时 17:54 登月舱起飞，登月舱的上升级和下降级分离。登月舱下降级坠毁在月球表面，登月舱的上升级飞到月球轨道与指令–服务舱会合。会合后，两名航天员进入指令舱后，登月舱的上升级被甩掉。服务舱内的主发动机加速，进入月地过渡轨道。接近地球时，服务舱被甩掉，指令舱的圆形底部向前，受到强大的空气阻力被减速。到低空时，打开了三个降落伞，阿波罗 11 号太空飞船于 1969 年 7 月 24 日世界时 16:50:35，在太平洋中部海面溅落，历时 8 天多的登月任务圆满结束。

阿波罗 11 号登月成功后，1969 年 11 月至 1972 年 12 月，美国又相继发射了阿波罗 12 号、13 号、14 号、15 号、16 号、17 号 6 艘载人飞船。除阿波罗 13 号因服务舱液氧箱爆炸中止登月任务（三名航天员驾驶飞船安全返回地面）外，其余 5 次均成功登月，连同阿波罗 11 号的两名航天员，在阿波罗登月计划中共有 12 名航天员登月。

太空中的竞争与合作 >>>

阿波罗载人登月计划的成功，虽然使美国扳回了在卫星上天、载人轨道飞行等方面的落后局面，但苏联在火箭、太空技术方面的实力仍不可小觑。登月成功后，两个超级大国的太空竞争虽有所缓和，但并未终结。

阿波罗 17 号登月后，美国的载人登月计划就戛然而止，就连原定的阿波罗 18 号、19 号、20 号三艘飞船的发射也被取消。对其原因，人们有着种种猜测。如有的认为在月球上遇到了外星人，所以不敢再次登月。这可能是把美国好莱坞影片《阿波罗 18 号》中的科幻情境当作真实情况了。也有人认为阿波罗登月压根儿是一场骗局，根本没有登上月球，而是在摄影棚里拍摄的照片。

其实，美国不再进行载人登月的最主要原因是"没钱"。载人登月花费巨大，即便美国也承受不起。既然已经成功，大可不必在这一方面继续烧钱了。阿波罗载人登月计划所使用的火箭和航天器都是一次性的，浪费巨大。今后必须开发能重复使用的火箭和航天器，在这一方向上，不能再重蹈覆辙、让对手领先了。

为此目的，美国在 1966 年就提出了把土星 V 火箭丢弃的第三级改造成空间站的计划。后来由于阿波罗 18 号、19 号、20 号三艘飞船的停飞，多出的三枚土星 V 火箭可以用来实施"天空实验室"计划。1973 年 5月 14 日，美国在肯尼迪航天中心发射了第一个轨道空间实验室。由于它是用原来准备用来发射阿波罗 18 号飞船的土星 V 火箭的第三级箭体改造而成的，故被误认为阿波罗 18 号飞船，而实际是天空实验室 1 号。同年还发射了 3 艘阿波罗飞船与天空实验室对接，这 3 艘飞船分别称为天空实验室 2 号、3 号、4 号，各载 3 名航天员。5 月 25 日发射的天空实验室 2 号，与天空实验室 1 号实现第一次对接。之后在 7 月 8 日和 11 月 16 日又分别发射了二次，也同样实现了对接。三次任务 9 名航天员总计在空间站生活了 171 天。1974 年天空实验室关闭，之后虽然曾想使用航天飞机为天空实验室加注燃料后重启，但未成功。1979年 7 月 11 日，天空实验室 1 号坠毁。

另一方面，苏联获知美国载人登月的阿波罗计划后，还想一争高低。1962 年科罗廖夫在原东方号载人太空飞船的基础上，提出了"在地球卫星轨道上，空间飞行器对接成为组合体"的想法。希望通过联盟号飞船计划，在美国之前实现载人登月。由于科罗廖夫的去世，以及 1967 年首次发射的联盟 1 号飞船在返回大气层时发生故障造成航天员科马洛夫牺牲的悲剧，此计划推迟了一年多，到 1969 年初才再次发射载人的联盟 4 号和 5 号，成功实现了对接以及航天员在两艘飞船中的转移。但联盟 5 号下降时又发生险情。同年 7 月，阿波罗 11 号登月成功，即使联盟号飞船实现载人登月，也已落后于美国了，于是苏联改弦易辙，转向发展空间站。

空间站是一种在近地轨道上长时间运行、可供多名航天员在其中生活、工作和巡访的载人航天器。

1971 年 4 月 19 日，苏联发射了世界上第一座空间站——礼炮 1 号。4 月 22 日，联盟 10 号搭载着三名航天员升空，计划与礼炮 1 号对接并短期驻留轨道。遗憾的是，两艘飞船之间存在 9 厘米的间隙，对接未能实现，三名航天员只得无功而返。同年 6 月 6 日发射了载有三名航天员的联盟 11 号，6 月 7 日与礼炮 1 号成功对接，三名航天员进入空间站，在里面停留了 23 天 18 小时 22 分。完成了多项观测任务和科学实验，一切顺利。不料，6 月 30 日在降落到距地面只有 168 千米时，一个细小的错误夺去了三人的生命，成为人类航天史上最为悲惨的事故之一。

两个竞争对手殊途同归，都改变了载人登月的初衷，走上了发展空间站的道路。轨道空间站的出现，为两国联手探索太空提供了必要的平台。

肯尼迪在提出载人登月之前，就曾建议过美苏合作开发太空。当时的苏联领导人赫鲁晓夫认为自己的火箭技术已经超过了美国，在太空领域也已占了多个"第一"，合作有导致泄密的可能，于己不利，因而拒绝。

两国原用于或准备用于发射载人登月飞船的大推力火箭，完全可以用来发射其他类型的大型航天器；空间站发射上天后不用再返回地球，造价低而实用价值高；空间站长期驻留在地球轨道上，供航天员多次往返，能在其中生活和进行多项科学研究。这种价廉物美的航天器当然会受到两个超级大国的青睐。

原来的竞争双方在空间站方面各有所长，加上当时政治环境松动，于是有了携手共进的可能。在此情况下，两国共同制订了1975—1976年间"阿波罗－联盟测试计划"。这是人类历史上第一个由两个国家合作的载人航天任务，具体来说就是美国的阿波罗飞船与苏联的联盟19号飞船在近地轨道上实行空中对接，这是不同国家的飞船第一次在太空交会对接。两个

◀‖ 阿波罗－联盟测试计划图徽 ‖▶

国家的航天器要对接，势必彼此都要向对方公开自己飞行器的详细技术细节和数据。如果没有一定的互信基础，是根本做不到的。

1975年7月15日世界时12：20，载有2名苏联航天员的联盟19号飞船在拜科努尔航天中心发射；19：50，载有3名美国航天员的阿波罗号飞船在肯尼迪航天中心发射。两天之后，这两艘飞船成功对接。对接后几小时，对接舱舱门被打开，联盟19号航天员列昂诺夫与阿波罗飞船航天员斯塔福德热烈握手，列昂诺夫用英语对斯塔福德说："很高兴见到你！"此时电视实况转播的讲解员说："两艘飞船现在正在握手！"在当时的冷战背景下，这次"太空握手"在政治上产生了积极的

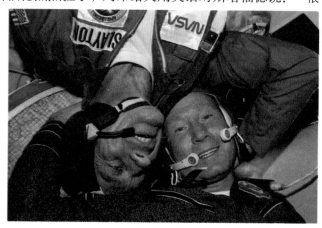

◀‖ 美苏两国的航天员在阿波罗－联盟号中 ‖▶

影响。

航天员们除了握手、拥抱外，也互赠了礼品，互赠奖章、证书等。他们还收到了两国领导人亲自打来的电话。51 岁的美国航天员斯莱顿还被美国总统戏称为"世界上最老的太空新手"。原来斯莱顿曾是最早的"水星 7 人"之一，由于心脏问题，一直没有上天，直到这次才成行。

阿波罗－联盟测试计划，只是跨出了太空国际合作的第一步。停留在近地轨道上的空间站，才是进行国际合作的大舞台。

苏联的第一代空间站是礼炮 1 号至 5 号，都只有一个接口，只能供一艘联盟号载人太空飞船对接，因此它的功能受到了很大的限制。第二代空间站是礼炮 6 号和 7 号空间站，增加了一个对接口，一个与联盟号飞船对接，让航天员进入空间站，另一个则与进步号货运飞船对接，为航天员提供各种生活用品和实验装备。这样一来，礼炮 7 号空间站载人飞行累计达到 800 多天，直到 1986 年 8 月才停止载人飞行。

礼炮号空间站和天空实验室都只是一次发射就可完成的小型空间站。1976 年，苏联制订了第三代空间站——和平号空间站计划。和平号空间站是在太空进行组装扩建而成的大型近地轨道空间站，由苏联和后来的俄罗斯发射上天。它有一个"核心舱"（主舱）和 5 个实验舱："量子 1 号舱""量子 2 号舱""晶体舱""光谱舱""自然舱"。自然舱可与 2 艘载人飞船和 1 艘货运飞船相对接。

1986 年 2 月 20 日凌晨，一枚质子号三级运载火箭将和平号空间站的主体发射升空。1986 年 3 月 13 日，苏联发射了联盟 T–15 飞船。航天员基齐姆和索洛维耶夫驾驶飞船于 15 日同和平号对接，并成为新空间站的第一批乘员。 1987 年 3 月 31 日，苏联用质子运载火箭发射了第一个实验舱——量子 1 号舱，于 4 月 12 日与和平号对接成功，开始了和平号积木空间站的正式组装工作，到 1996 年组装工作全部完成。完整的和平号空间站全长 87 米，质量 123 000 千克，有效容积 470 立方米。它的原设计寿命为 5 年，但实际在轨道上运行了 15 年，绕地球飞行 8 万多圈，行程 35 亿千米，进行了 2.2 万次科学实验，完成了 23 项国际科学考察计划。共有 31 艘联盟号载人飞船、62 艘进步号货运飞船与其对接，9 次与美国航天飞机对接。以它为基地，航天员们进行了 78 次太空行走，舱外活动的总时间达 359 小时 12 分钟。共有俄罗斯、美国、英国、法国、德国、日本、叙利亚、保加利亚、阿富汗、奥地利、加拿大、斯洛伐克等 12 个国家的 135 名航天员在空间站工作过。这些航天员共进行了 1.65 万次科学实验，完成了 23 项国际科学考察计划，取得极为宝贵的成果和数据。

不过这仅仅只能称为多国参与，还不能说是国际合作。真正进行国际合作的空间站是国际空间站。这是一个由六个国际主要太空机构——美国国家航空航天局（NASA）、俄罗斯联邦航天局（ROSCOSMOS）、欧洲航天局（ESA）、日本宇宙航空研究开发机构（JAXA）、加拿大国家航天局（CSA）和巴西航天局（AEB）联合推出的国际合作计划，另外还有 10 个欧洲国家参加。

国际空间站的设想是 1983 年由美国首先提出的，其前身是美国航天局的自由空间站计划，实际上是"星球大战"计划的一部分。后来"星球大战"计划被搁置，自由空间站计划也随之停顿，冷战结束后自由空间站重新恢复。NASA 开始与俄罗斯联邦航天局接触，商谈合作建立空间站的构想。

国际空间站计划分三阶段进行。1994 年至 1998 年为第一阶段，即准备阶段，进行了 9 次美国航天飞机与俄罗斯和平号空间站的对接。1998 年至 2001 年的第二阶段，主要目标是初步建成一个可以承载三名航天员的空间站。1998 年 11 月 20 日，俄罗斯用质子号火箭把国际空间站的第一个部件——曙光号多功能货舱发射进入轨道，标志着这一阶段开始；到 2001 年 7 月 12 日，美、俄等国通过航天飞机、"质子"

号火箭等运输工具的 15 次飞行，完成了国际空间站第二阶段的装配工作。第三阶段从 2001 年到 2011 年，是国际空间站的最后装配和应用阶段。从 2001 年至 2006 年，国际空间站通过组装扩展，达到具有接受 6 ~ 7 名航天员长期工作的能力。在此期间还发射了日本实验舱和欧洲航天局的哥伦布轨道设施等。但由于航天飞机失事的事故，美国宇航局停飞了所有的航天飞机，使得这个计划的完成推迟了。2011 年 12 月最后一个组件发射上天，组装工作全部完成，国际空间站正式建成。全部建成后的国际空间站总质量为 438 吨，长 108 米，宽 88 米，轨道高度 397 千米，可载 6 名航天员，设计寿命 10 ~ 15 年。由于采取了"边建设、便应用"的方式，基础研究工作早在 2000 年就已开始。共有 18 个国家的 230 名航天员访问了国际空间站。国际空间站至今仍在使用，由于种种原因只能使用到 2024 年，但有计划把它延长至 2028 年。

群雄纷起 >>>

　　美、苏两个超级大国的太空竞争，给其他国家普及了一次太空探索知识，使它们认识到了太空领域对于本国安全和发展的重要性。一些有实力的国家就紧随而上，发展本国的太空事业。

　　第一个出来打破美、苏太空垄断的是法国。1965 年 11 月 26 日，法国用"钻石"号运载火箭将第一枚人造地球卫星 A-1 发射上天，1967 年 2 月再次用"钻石"号火箭将 D-1 人造地球卫星送入太空。法国成为第三个太空国家。在此之前欧洲已经成立了欧洲太空研究组织（ESRO），这个组织在 1968—1972 年的四年间，发射了 7 颗研究卫星。欧洲还有一个与航天有关的组织——欧洲发射发展组织（ELDO）。1975 年，ESRO 与 ELDO 合并，成立了现在的欧洲航天局（ESA）。这是一个政府间组织，拥有 22 个成员国，总部设在法国巴黎。此外还有一个非成员国加拿大，它通过协议参加一些合作项目。欧洲航天局原来的太空探索重点是不载人的深空探测，但近年来有所改变。2015年还雄心勃勃地提出了全球合作建造月球村的设想。

1970年2月11日，日本发射了第一颗人造地球卫星"大隅"号。

中国早在1958年就提出了"我们也要搞人造卫星"的口号。虽然有"三年困难时期""文革"等的影响和干扰，仍在1970年4月24日成功地发射了中国的第一颗人造卫星"东方红1号"。

英国于1971年10月28日发射了第一颗人造卫星"普罗斯帕罗"号。此后印度（1980）、以色列（1988）等不少国家都发射了本国的卫星。具备航天能力的国家已由美、俄两国增加到60多个国家，大约有200个国家、组织和地区应用了航天技术的先进成果。

在各国相继发展航天事业的大潮中，一支新的力量异军突起，它就是民营航天。

21世纪初，一些私人企业、非政府组织开始发展运载火箭和太空飞行器，涉足航天事业，而且数量愈来愈多，规模愈来愈大。最为人所熟知的，可能是美国的太空探索技术公司（SpaceX）。SpaceX是由南非出生的埃隆·马斯克（Elon Musk）投资1亿美元，在2002年6月建立的。可部分重复使用的猎鹰号运载火箭和Dragon系列航天器（龙飞船）是SpaceX的主力产品。

猎鹰9号的近地轨道（LEO）最大载荷为22.8吨；地球同步转换轨道（GTO）最大载荷8.3吨。标准报价6 200万美元。2015年底猎鹰9号运载火箭第一级回收成功。2017年3月30日使用回收的"二手"火箭，把10颗新一代铱星（Iridium NEX）发射升空。2016年底，SpaceX发布了"重型猎鹰"运载火箭的首张照片，称其是世界上运载能力最大的火箭，为当时运载能力最大火箭的2倍。重型猎鹰运载火箭的近地轨道最大载荷54.4吨，地球同步轨道最大载荷22.2吨，火星轨道最大载荷13.6吨，标准报价9 000万美元。它的第一级安装了27

台梅林–1D 发动机，可以把在发射中发生故障的一台或几台发动机隔离开来，由其余的继续执行任务。2018 年 2 月 7 日，"重型猎鹰"把樱桃红色的特斯拉 Roadster 跑车送上了地球火星转移轨道，双助推器成功回收，芯助推器回收失败。2019 年 4 月 11 日，把"阿拉伯之星"6A 型通信卫星送上太空。

SpaceX 是一家商业公司，为了赢利必须承接商业任务。其从 NASA 获得了 26 亿美元的合同，制造载人龙飞船。龙飞船 2012 年 5 月首次与国际空间站对接，成为唯一往返于空间站的商业货运飞船。SpaceX 与波音公司共同承担了 NASA 航天飞机停飞后的"太空巴士"任务，为国际空间站运输货物。2019 年 3 月 2 日，载人龙飞船搭乘猎鹰 9 号火箭从肯尼迪航天中心升空，飞向国际空间站。

埃隆·马斯克和他的 SpaceX 公司最为雄心勃勃的"星链（Starlink）"计划：将在 2025 年前把 12 000 颗卫星送上天空，打造包围地球的全球星座，建立新一代的宽带网络。5 月 24 日上午 10 点 30 分（北京时间），猎鹰 9 号火箭将 60 颗"星链"卫星发射升空，"星链"计划组网开始。到 2020 年部署 800 颗卫星后，开始商业运营。

除 SpaceX 外，世界上还有多个民营企业也在涉及航天。如亚马逊旗下的蓝色起源、火箭实验室公司（Rocket Lab）、

◁‖ 星链计划 ‖▷

Bigelow 空间站公司以及一网公司（OneWeb）等。蓝色起源的主营业

务是火箭发射、开发可回收火箭和太空旅；火箭实验室公司主要开发燃料循环的火箭发动机、使用 3D 打印生产火箭主要部件；Bigelow 空间站公司则主要是开发充气太空舱；一网公司也是计划创建覆盖全球的高速电信网络。

中国也已有多家民营航天企业，如蓝箭航天、零壹空间、星际荣耀等。蓝箭航天，全称为北京蓝箭空间科技有限公司，2015 年 6 月成立。公司研发的"凤凰"10 吨级液体甲烷发动机推力室，具有自主知识产权。其自主研制的朱雀一号运载火箭，是中国第一枚民营运载火箭。朱雀二号将在今年完成全部地面试验，2020 年首飞。2019 年 7 月 22 日，蓝箭公司又宣布"天鹊"TQ-12 液氧甲烷发动机 100% 推力试车取得成功，最长试车时间达 100 秒。

2015 年 8 月成立的零壹空间自主研发了"重庆·两江之星"OS-X 火箭，于 2018 年 5 月 17 日成功升空，这是中国第一枚民营公司自主研制的商用亚轨道火箭首飞。

星际荣耀于 2016 年 10 月成立。7 月 25 日 13 时，它的双曲线一号遥一（SQX-1 Y1）运载火箭在中国酒泉卫星发射中心成功发射，按次序将 2 颗卫星、3 个有效载荷精确送入预定的 300 千米圆轨道，实现了中国民营运载火箭零的突破。双曲线一号遥一运载火箭采用三固一液的四级串联构型，是目前我国民营航天起飞规模最大、运载能力最强的运载火箭。

国内外的民营航天有一共同点，都是只进行运载火箭、太空飞行器等的研制，而不涉足发射场地、测控系统等基础设施的建设。这些是他们无力承担的，只能使用现有设施。

从 20 世纪初到现在，航天已从理论探索发展成为能够体现综合国力的一个高新科技领域，取得卫星上天、载人登月等许多成就。目前，世界航天的格局日趋多国化、多元化，航天领域的国际合作也进一步得到了加强。俄罗斯广泛开展国际航天合作。欧洲航天局提出，要通过地区和国际航天合作，降低航天发展的成本。我国也积极开展与其他国家的国际合作。在这样的大环境下，一些暂不具备航天发射能力的国家，也通过交流与合作进入了太空时代。

根据美国忧思科学家联盟的"在轨卫星统计数据库"数据，到2019 年 1 月 9 日，全球在轨正常运行卫星数量为 2062 颗，其中美国901 颗，中国 299 颗，俄罗斯和日本分别为 153 颗和 87 颗。

四、自主之路

新中国成立后，百废待兴，虽然当时条件差、困难多，我国也是积极创造条件，努力克服困难，抓住时机，急起直追，走了一条独立自主的太空发展道路。

中国航天之父 >>>

1911 年农历辛亥年，中国发生了一件翻天覆地的大事，清王朝被推翻，民国建立。这一年的 12 月 11 日，上海愚园路的一个书香门第，有一个男孩呱呱落地，这个男孩就是钱学森。

钱学森自幼学业优秀，就读的都是名校。1923 年 9 月，钱学森进入北京师范大学附属中学学习。1929 年考入铁道部交通大学（上海）机械工程学院铁道系，1934 年毕业。同年 6 月考取清华大学飞机设计专业的第七届庚款留美学生。

考取后，钱学森并未立即赴美，而是被安排到杭州的笕桥飞机厂、南京和南昌的空军飞机修理厂等处去实习，最后到北京参观清华大学。这些经历，使他获得了丰富的实践知识，也使他对祖国有了更深的了解，增强了爱国情怀。

1935 年 8 月，钱学森登上邮轮，赴美进入美国麻省理工学院航空工程系学习。不到一年的时间，他就得到了那里的科学硕士学位。不过就在此时，他遇到了一个难题：要继续留在麻省理工学院深造，必须先去工厂实习，而美国航空工业的工厂并不愿意接受中国学生。于

是他把目光投向了美国西海岸洛杉矶附近帕萨迪纳市的加利福尼亚理工学院，因为那里有一个古根海姆航空实验室，主任是赫赫有名的国际航空理论权威冯·卡门教授。

1939年，钱学森完成了《高速气体动力学问题的研究》等4篇论文后，获得了加州理工学院的哲学博士学位。又在可压缩边界层的研究中，由冯·卡门提出问题、钱学森解决而得到卡门－钱近似公式。这个公式在超音速飞机机翼的设计上，得到了广泛的应用。

1943年夏，冯·

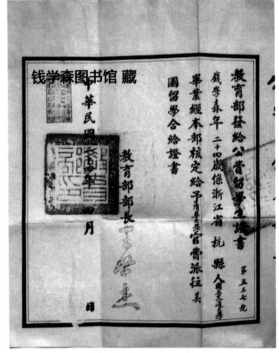

◀◀ 钱学森学历证书 ▶▶

卡门收到3篇来自英国的报告，从中第一次了解到德国在佩内明德发展V-1和V-2导弹的情报。马林纳和钱学森研究了这些报告后，感到美国的火箭技术与纳粹德国相比相差甚远，于是两人起草了一份题为

《关于远程火箭运载器的评价和初步分析》的报告，在报告中，他们指出了制订弹道导弹发展规划的重要意义，建议应建立全新的大型喷气推进实验室。这份报告引起了美国军方的注意，经当时的美国陆军参谋长马歇尔批准，在加州理工学院航空实验室的基础上，组建了后来闻名世界的"喷气推进实验室（JPL）"。这个实验室为美国的航天工程做出了巨大的贡献，钱学森曾任实验室的火箭研究小组组长。

1944年10月，钱学森作为美国陆军航空队科学顾问团的成员，已经可以自由出入战时设在华盛顿的秘密高层指挥中心。1944年底，美军邀请钱学森培训专门的导弹军官，这些学生在20世纪50年代之后成为美军导弹领域的骨干力量。

二战邻近结束时，美国为了搜获德国的科学家和工程师，制订了回形针计划。美国军方授予冯·卡门空军少将军衔，授予钱学森空军上校军衔，派他们到欧洲去，负责审讯冯·布劳恩等德国导弹专家。1945年5月2日，钱学森随美军第44步兵师进入巴伐利亚山区，这一天，刚好俘获了冯·布劳恩的兄弟——火箭工程师马格努斯。在马格努斯帮助下，找到了隐藏在山洞中的冯·布劳恩。

冯·布劳恩对钱学森说："我知道我们创造了一种新的战争模式，问题是现在我们不知道，应该把我们的才智贡献给哪个战胜国。我希望地球能避免再进行一场世界大战，我认为只有在各大国导弹技术均衡的条件下，才能维持未来的和平。"

钱学森当然知道冯·布劳恩的价值，在钱学森的要求下，冯·布劳恩写出书面报告《德国液态火箭研究与展望》，详细地介绍了德国液体火箭的详细情况。冯·布劳恩被美军正式招募后，1945年6月19日，由钱学森等人把他转移到慕尼黑。随后，又用军用运输机火速把他们转往美军占领区。在此期间，钱学森还讯问了另一位德国导弹专家——鲁道夫·赫曼，也获得不少绝密技术信息。更有意思的是，钱学森还和冯·卡门一起审讯了德国航空力学奠基人普朗特，而普朗特是冯·卡门的老师。

1945 年 9 月 20 日，钱学森亲自护送首批 7 名德国科学家返回美国，其中包括冯·布劳恩。冯·卡门调查团回到华盛顿后，向美国政府递交了《迈向新高度》的研究报告，这是一份有关远景规划的报告，共有 9 卷，其中第 3、4、6、7、8 等五卷和技术情报附录均由钱学森撰写。这份报告，使得美国在航空与航天技术方面获得了跨越式的发展。美国专栏作家米尔顿·维奥斯特曾这样评论说："钱（学森）上校是使美国成为世界一流军事强国的科学家之一。"他还这样写道："冯·卡门是空气动力学领域里独一无二的大师，而钱的名望仅在他一人之下，钱是冯·卡门雄心壮志与事业的继承者。"

1949 年中华人民共和国成立，钱学森和夫人蒋英便商量要及早回归祖国。1950 年朝鲜战争爆发，中国在美留学人员不能直接返回大陆，只有取道香港或欧洲才能归国。在留美科协的努力下，英国政府同意为部分中国留美学生发放赴香港的签证。得此消息，钱学森夫妇以及另一名加州理工学院的在读博士生罗沛霖一起驱车到洛杉矶市区购买返香港的船票。罗是学生，买到了船票。而钱学森夫妇是教授，不能买船票。钱学森去了华盛顿，找了他熟悉的海军部次长丹尼·金贝尔（Dan A. Kimball），希望他能够帮助自己回国。不料，钱学森刚离开他的办公室，他就打电话给司法部说："决不能放走这个中国人，他知道的太多了，我宁可把这家伙枪毙了，也不让他离开美国，因为无论在哪里，他都抵得上五个师。"

1950 年 8 月，钱学森满心以为可以回国了，他买了加拿大太平洋运输公司的机票；辞去了加利福尼亚理工学院超音速实验室主任和"喷气推进研究中心"负责人的职务；整理属于自己的资料，从中剔除出所有机密资料，上交所在系的系主任，然后将包括科学书籍和研究工

作笔记在内的 800 千克资料装箱送
往邮船码头，准备先期托运到香港。
就在此时，突然收到美国移民局通
知，不准他们离开美国。1950 年
9 月 9 日，美国移民局扣留了钱学
森，抄了他的家，把他关押在特米
那岛上的一个拘留所里。直到收到
冯·卡门和加州理工学院同事筹措
的 1.5 万美元的保释金后，钱学森
才被释放。

　　由于多方营救以及周恩来总
理等中国高层领导人做出的外交努
力，1955 年 8 月 4 日，钱学森终于

钱学森回国途中的阖家照片

收到了美国移民局允许他回国的通知。1955 年 9 月 17 日，他携带夫人
蒋英和一双幼小儿女，登上了驶向香港的"克利夫兰总统号"轮船，
返回祖国。1955 年 10 月 8 日，钱学森一家终于回到了自己的祖国。

　　1956 年 1 月 30 日至 2 月 7 日，钱学森应邀出席了全国人民政治协

商会议二届二次
全体会议，被补
选为全国政协委
员。1956 年 2 月
1 日，毛主席在中
南海怀仁堂举行
的招待全体政协
委员的盛大宴会
上，与钱学森进

毛主席与钱学森在宴会上（1956 年）

行了亲切交谈。

　　1956年2月4日，周恩来总理和陈毅副总理亲切接见了钱学森。受周总理委托，1956年2月17日，钱学森起草了《建立中国国防航空工业的意见》。由于保密的原因，当时用"国防航空工业"代替了"火箭导弹"一词。1956年3月，周恩来总理主持制订《一九五六年至一九六七年科学技术发展远景规划纲要（草案）》的12年科学发展规划，其中把喷气推进和火箭技术列为国家重点发展项目。1956年10月8日成立的国防部第五研究院是中国的第一个火箭导弹研究机构，由钱学森担院长。1958年，为了培养两弹一星工程人才，成立了中国科学技术大学，钱学森任中国科学技术大学近代力学系系主任。这些研究机构和大学，是钱学森一展宏图、实现航天理想的平台。

　　当然，堪称"中国航天之父"的不止钱学森一人，而是一批人。如最早提议要研发卫星的赵九章，有中国航天四老之称的任新民、屠守锷、黄纬禄和梁守槃，以及获两弹一星功勋称号的一大批人，钱学森只是他们的杰出代表。

星歌嘹亮 >>>

　　新中国成立后，百废待举，要做的事千头万绪，财力又有些捉襟见肘。就是在那样的情况下，中央政府仍决定把搞火箭导弹放在首位。

　　1957年10月15日，中苏两国签订了《中华人民共和国政府和苏维埃社会主义共和国联盟政府关于生产新式武器和军事技术装备以及在中国建立综合性原子工业的协定》（简称《国防新技术协定》）。在苏联政府提供P-2地地导弹和C-75地空导弹的基础上，国防部第五研究院通过仿制和反设计，克服种种困难，研发了我国多种型号的弹道导弹。

　　在一无资料、二无经验的起始阶段，我们能够得到这样的援助，无疑是有很大帮助的。但由于种种原因，1960年苏联政府撕毁了协议，撤走了专家，我们无法继续得到进一步的援助。实际上，已经提供的一些援助，资料也并不完整。针对这种情况，我国的科研人员利用"反设计"的方法来进行仿制。当时主持仿制 P-2 液体近程弹道导弹的梁守槃回忆说："我向钱学森提出来，我们是不是搞一个反设计？假定苏联没有给我们图纸，只有这个导弹的指标，就是要飞起来打600千米，我就以600千米的指标，按照设计公式来设计，设计以后跟苏联的资料对比，尺寸一样不一样，各方面一样不一样……找出理论与实际之间的联系。后来我们搞了反设计，成功了。"正是由于我国老一辈航天领军人物的奋斗精神，带领了年轻科研人员共同发愤创业，从而迈出了艰辛的第一步。

国防部第五研究院（简称五院，后改为七机部）最初下设两个分院：一分院和二分院。一分院（后改为七机部第一研究院）由钱学森兼任分院院长。一分院承担的主要任务是研发地地弹道导弹，第一个项目是东风1号弹道导弹。东风1号是仿制苏联的 P-2 导弹，1960 年 11 月 5 日，东风 1 号弹道导弹试射成功。东风 1 号弹道导弹采用单级液氧加酒精等液体燃料推进剂发动机，最大射程600 千米，弹重 20.5 吨。通过东风 1 号弹道导弹的研制，中国建立了导弹研究体系，培养了一批导弹专家。

◀‖东风 1 号弹道导弹‖▶

我国自行设计的第一枚弹道

◀‖ 东风系列弹道导弹 ‖▶

导弹是东风 2 号，这是近中程导弹的一个过渡型号。当时正值三年困难时期，不少大型项目下了马，这个项目在"两弹为主，导弹第一"的方针下，坚持了下来，于 1961 年启动。1965 年 3 月 11 日钱学森提出的《地地导弹发展规划》明确提出：要在 1965 年至 1972 年的八年时间内研制出中近程、中程、中远程和洲际导弹道弹。这就是著名的"八年四弹"计划。它在中国航天事业发展史中，具有奠基性的意义。

具体来说"四弹"就是：东风 2 号（中近程）、东风 3 号（中程）、东风 4 号（中远程）和东风 5 号（洲际导弹）。改进后的东风 2 号，于 1964 年 6 月 29 日再次试飞，获得圆满成功。导弹全长 20.9 米，弹径 1.65 米，起飞质量 29.8 吨，采用一级液体燃料火箭发动机，最大射程为 1 300 千米。1965 年 11 月 13 日，增强型的东风 2A 发射成功，最大射程为 1 500 千米，可携带 1 500 千克的高爆弹头或 1 枚 1 290 千克的 2 万吨 TNT 当量的核弹头。

东风 3 号为中程地地战略导弹，1966 年 12 月 26 日首次试射成功。导弹全长 24 米，弹径 2.25 米，起飞质量 64 吨，采用一级液体燃料火箭发动机。可以机动发射，最大射程为 2 800 千米，可携带 1 枚 200 万吨 TNT 当量的核弹头。改进型的东风 3A，最大射程为 4 000 千米，可携带 3 枚威力为 5 ~ 10 万吨 TNT 当量的分导核弹头。1987 年，沙特阿拉伯花 35 亿美元，从我国购买了东风 3 号导弹。

◁|| 东风 3 号导弹运抵沙特阿拉伯 ||▷

东风 4 号中远程弹道导弹，是中国研制的第一代远程地地战略导弹。1970 年 1 月 30 日试射成功。导弹全长 27.5 米，弹径 2.25 米，起飞质量 82 吨，采用二级液体燃料火箭发动机。可以机动发射，最大射程为 4 000 千米，可携带 1 枚 2 200 千克的 100 ~ 300 万吨 TNT 当量的热核弹头。其改进型东风 4A，最大射程为 5 000 千米，可携带 3 枚分导热核弹头。

东风 5 号洲际弹道导弹的研制受到"文化大革命"的严重干扰。1971 年第一次飞行试验时，第二级发动机提前 30 秒关机，试验失败。这使得"八年四星"计划不能在预期的 1972 年完成。

1980 年 5 月 18 日，东风 5 号导弹从太原发射中心发射，向预定海域飞行，29 分 57 秒后，弹头在南太平洋海域上空再入，精准落入预定区域，射程达 9 070 千米。最终实现了我国从中近程弹道导弹到洲际弹道导弹的跨越，"八年四弹"至此画上了圆满的句号。

东风 5 号弹道导弹是我国战略导弹的主力。1984 年 10 月 1 日，3 枚东风 5 号导弹在建国 35 周年阅兵式上首次亮相。1985 年，东风 5 号

弹道导弹获国家科技进步特等奖。

东风 5 号洲际弹道导弹还有其改良型的东风 5A。更先进的东风 5B，2015 年在中国人民抗日战争胜利纪念日阅兵仪式上首次公开出

◀‖ 东风 5 号导弹在建国 35 周年阅兵式上 ‖▶

现。2017 年东风 5C 洲际弹道导弹试射成功，国外媒体报道，这是一次分导式多弹头洲际弹道导弹发射。另外还有东风 6 号，不过，这已不是传统意义上的洲际弹道导弹了，而是一种理论射程可绕地球一周的环球火箭，也称轨道轰炸器。

我国的第二代洲际地地战略弹道导弹是东风 31 号及其改型东风 31A。这两型导弹均采用三级固体火箭发动机，因而可以采用车载机动，存活率高。

到目前为止，东风导弹已经形成了有不同射程、不同打击目标的数十种型号的庞大导弹家族，是目前世界上唯一能覆盖各种类型弹道导弹的陆基弹道导弹系列。

卫星大国 >>>

1957 年苏联第一颗人造地球卫星上天之后，竺可桢、赵九章、钱学森等著名科学家通过文章、报告多次阐述发射卫星的重要意义，建议中国也应考虑制订研制卫星的规划，及早作准备。1958 年 5 月 17 日，毛泽东主席在中国共产党第八次全国代表大会第二次会议上提出："苏联人造卫星上天，我们也要搞人造卫星，我们也要搞一点，要搞就搞得大一点。"

中国科学院决定将人造卫星的研制列为 1958 年的第一号重点任务，成立了代号"581 任务"的人造卫星领导小组。钱学森任组长，大气科学家、地球物理学家、空间物理学家赵九章任副组长，负责筹建 3 个研究院，全力推进此项工作。

1958 年 8 月，科学院召集赵九章、钱学森等科学家拟定了我国人造卫星发展规划，确定从发射探空火箭、小卫星到大型卫星的路线。在此思想的指导下，建立了三个研究院：以赵九章所长领导的地球物理研究所为主，组建卫星仪器和空间物理设计院；以钱学森所长领导的力学研究所为主，组建卫星运载火箭设计院；以自动化研究所为主，组建遥控遥测设计院。1958 年 10 月，赵九章率领中国科学院高空大气物理代表团去苏联考察访问，在回国后的考察总结中，他们认为：发射人造地球卫星我国尚未具备条件，应根据我们的实际情况，先从火箭探空搞起。这一建议正符合当时中央关于卫星工作的指示精神。

探空火箭是一种探测 60～80 千米大气层温度、气压、风向、风速的空间探测系统。它麻雀虽小，五脏俱全，包括运载火箭、飞行器、能源、天线、探测仪器、环境模拟试验、地面发射、遥测、跟踪测轨、时间统一和数据记录处理等各个分系统。1960 年 2 月 19 日，成功发射了第一枚 T-7 试验探空火箭。1963～1968 年间共发射了气象火箭、生物火箭、试验火箭等 17 枚 T-7 探空火箭。探空火箭的研制和发射为以后的人造卫星乃至载人飞船的研制积累了许多经验。

1964 年，当了解到我国的运载火箭研制在一定程度上已有发射卫星的能力时，赵九章找钱学森商量，共同推动发展卫星的工作。钱先生当时主要在从事弹道导弹的研制，认为"卫星仅处在科学研究阶段，上面顾不过来，可多做些宣传"。于是赵九章与人讨论，起草了发射人造卫星的报告，直接上报中央。在报告中他写道："发射人造卫星和发射洲际导弹有着十分密切的关系。首先，两者的运载工具相同；

其次，两者进入轨道前的无线电导航方式基本一致。掌握了人造卫星精确进入轨道的技术，就不难控制洲际导弹打靶时的落点精度。进行洲际导弹试飞时，要解决两个复杂的问题：一是向远离国土的太平洋打靶，需要有强大的海军配合行动；二是需要解决导弹重返大气层问题。但无论这两个问题解决与否，都可以发射卫星，并把发射洲际导弹所需的重要技术条件逐步建立起来。"最后他大声疾呼："从现在起，抓这一工作，已是时候了。"中央非常重视赵九章等人的建议，迅速组织力量重新筹备发射人造卫星的各项工作。

1965 年，中国科学院再次启动了研制人造地球卫星的工作，并把代号由"581 工程"改为"651 工程"。1966 年 1 月，中国科学院卫星设计院成立，代号 651 设计院，公开名称为科学仪器设计院，由赵九章任院长。

1965 年 10 月 20 日至 11 月 30 日，在中国科学院主持的中国第一颗地球卫星总体方案论证会上，确定了我国第一颗卫星为科学试验卫星，定名为"东方红一号"。要求中国第一颗卫星在重量、寿命、技术等方面，都要比苏、美第一颗卫星先进。

1967 年初，中国第一颗人造地球卫星确定播送《东方红》乐曲，让全世界都能听到中国卫星的声音。1967 年底，最后审定了中国第一颗人造地球卫星的方案，规定该卫星不小于 150 千克（最终确定为 173 千克），用长征一号运载火箭发射。该卫星要做到"上得去、抓得住、测得准、看得见、听得到"。

发射人造地球卫星必须要有运载工具、卫星星体和发射场地，以及其他配套设施，如测控、通信等系统。

运载火箭用的是长征一号火箭，它的一、二级采用了改进型东风 3 号弹道导弹的火箭发动机。第三级则采用新研制的 GF－02 固体火箭发动机。卫星和固体火箭被包裹在整流罩内，以保护卫星不受气流的冲刷和加温过热。长征一号由七机部第一研究院（现为中国运载火箭技术研究院）负责研制，全长约 29.5 米，最大直径 2.25 米，起飞推力约 1 020 千牛顿，能把 300 千克的卫星送入 440 千米高的近地轨道。长征一号运载火箭一共进行过 2 次发射，都成功了。

东方红一号卫星的星体由中国科学院卫星设计院负责设计。研制工作分为模样、初样、试样和正样四个阶段。在前一阶段的试制完全达到设计要求、验收合格后，才可在此基础上在协调确定下一阶段的研制。每一阶段都严格把关，以确保万无一失。

为了有较大的结构利用空间，为了粘贴太阳电池片方便可靠，东方红一号卫星被设计成直径 1 米的球形 72 面体。

发射东方红一号卫星的酒泉卫星发射中心始建于 1958 年 10 月，是中国建设最早、规模最大的导弹、卫星发射中心，也是我国唯一的载人航天发射场。酒泉卫星发射中心位于甘肃省酒泉市，占地面积约为 2 800 平方千米。当地的自然环境虽然对人类来说过于艰苦，但非常适合航天发射，每年大约有 300 天可进行发射。

1970 年 4 月 1 日，装载着 2 颗东方红一号卫星星体和一枚长征一

◁‖ 东方红一号卫星 ‖▷

◀‖东方红一号卫星上天的雄姿‖▶

号运载火箭的专列抵达酒泉卫星发射中心。4 月 2 日下午，周恩来总理在人民大会堂听取即将发射的中国第一颗人造卫星及其运载火箭的情况汇报。各项检测指标表明卫星和火箭均安全可靠后，4 月 24 日凌晨，由毛泽东主席亲自批准东方红一号卫星的发射。

1970 年 4 月 24 日北京时间 21 时 35 分，在酒泉卫星发射中心，长征一号运载火箭携带着东方红一号卫星，发出巨大的轰鸣声，拔地而起，直刺天穹。

21 时 48 分，东方红一号卫星成功进入预定轨道，中国继苏联、美国、法国、日本后成了世界上第五个能够完全以自己的力量成功发射人造地球卫星的国家。

东方红一号卫星质量为 173 千克，比以前发射的苏联人造地球卫星 1 号、美国的探险者 1 号、法国的实验卫星 A-1 号和日本的大隅号四颗卫星质量的总和还要大，也比以后发射的英国成功号、印度罗希号和以色列的地平线 1 号都大。东方红一号卫星在跟踪手段、信号传输形式和星体温控系统等方面也都超过了国外首颗卫星的水平。

东方红一号卫星的轨道为椭圆形，近地点 439 千米，远地点 2 384 千米，倾角 68.44°，周期 114 分钟。由于轨道倾角将近 70°，东方红一号卫星所经轨迹覆盖了地球上所有人类居住的区域。遵照周恩来总理的要求，中国对东方红一号卫星飞经各国首都上空的时间都进行了预报，以便各国观测。

当时的设计要求"看得见"，是指人类用肉眼就能看得见，这不是能够容易做到的。东方红一号卫星直径只有 1 米，即使外表黏贴上了可以反射太阳光的铝箔，它的亮度至多只能达到六等星的亮度，所以东方红一号卫星是很难用肉眼看到的。为了让人们肉眼能够看到，设计人员想出加上观测裙的方法。所谓观测裙就是做一个"围裙"包在第三级火箭上，等到上天后让这个"围裙"像气球一样膨胀到直径 3 米多。由于"围裙"外表也贴有铝箔，可以反射太阳光，此时卫星的星等可提高到二等或三等，完全可被肉眼看到。只不过看到的是穿了

"围裙"的末级火箭。由于末级火箭与卫星是同时入轨的，两者一前一后相距不远，看到穿了"围裙"的末级火箭就等于看到了卫星本身。

东方红一号原设计寿命为 20 天，但实际运行了

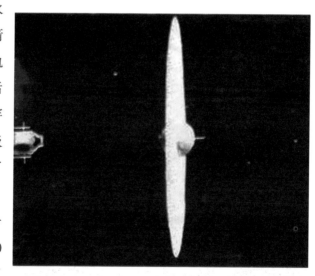

◀‖ 东方红一号卫星的"围裙" ‖▶

28 天，于 1970 年 5 月 14 日停止发射信号，与地面失去了联系。东方红一号卫星是一颗科学探测卫星，在运行期间，把大量遥测数据和各种太空探测资料传回地面，为我国以后的航天事业做准备。由于东方红一号卫星的近地点高度较高，它至今仍在近地点 430 千米、远地点 2075 千米的轨道上运行，几乎能够无限制地运行下去，只是不知具体

的位置。

科学探测卫星 》》

1971年3月3日，长征一号运载火箭在酒泉卫星发射中心第二次发射，把中国第二颗人造卫星——实践一号送上了太空。实践一号卫星的外形与东方红一号卫星完全相同，也为球形72面体。与东方红一号卫星不同的是，在它的28面上贴有硅太阳能电池片，因此使用寿命较长，原设计寿命为一年，实际在轨道上运行了8年，直到1979年6月17日才陨落。实践一号是"实践"号卫星系列中的第一颗，"实践"号卫星是中国自主研制的科学探测与技术实验的卫星。

1981年9月20日，中国成功实现了一箭三星的发射任务，将实践二号和实践二号甲、实践二号乙等三颗卫星送入预定轨道，使中国成为世界上第三个掌握一箭多星技术的国家。实践二十号卫星是我国新一代的地球同步轨道卫星平台——东方红五号卫星平台的测试卫星，计划由长征五号遥三火箭发射。实践二十号卫星将对东方红五号卫星平台的8大项关键技术进行全面验证，也是对关系国家安全和核心利益的新领域、新技术、新产品进行在轨验证。现在以"实践"命名的卫星已经成为我国最为庞大的卫星家族，在空间科学探测、航天新

◀║实践一号卫星║▶

技术试验等诸多方面发挥重大的作用。

通信广播卫星 〉〉

1984年4月8日，由长征三号运载火箭在西昌卫星发射中心发射了东方红二号卫星。4月16日定点在东经125°的赤道上空，成为我国第一颗地球静止轨道通信卫星。东方红二号卫星一共有五颗。第一颗是试验卫星，主体为圆柱形，高3.1米，直径2.1米，质量为461千克。其轨道位置精度为±1°，倾角为0.7°。星上有2个C波段转发器，它的发射开创了用我国自己的通信卫星进行卫星通信的历史。

1986年2月1日，在西昌卫星发射中心由长征三号火箭发射了东方红二号甲实用通信广播卫星，20日定点在东经103°赤道的上空。和试验卫星相比，实用通信卫星的信号明显增强，电视图像质量大为改善。它有两个频道电视转播和1000路电话传输能力，卫星设计寿命3年。

1988年3月7日发射了中信1号卫星，它是东方红二号卫星的改型星，可以传输4路彩色电视信号和3 000路电话，大大改善了我国的通信和广播电视传输条件。1988年12月22日、1990年2月4日分别又成功发射了中信2号和中信3号通信卫星，中星4号由于运载火箭第三

◁|| 东方红二号甲实用试验卫星 ||▷

级故障未能进入预定轨道。至此，全部五颗东方红二号通信卫星发射完毕，中国通信卫星从无到有。不过东方红二号卫星仍属实验通信卫星，与国外同时期的通信卫星差距仍然较大。之后研发的已经发射的东方红三号、东方红四号卫星和东方红五号平台试验卫星，使我国的通信卫星处于国际先进水平。除了满足我们国内的需求，国外的许多国家都采购了我们的卫星，东方红家族已经走向国际。

东方红五号卫星平台，简称东方红五号，是我国自主研发的新一代大型桁架式卫星平台，发射质量达 10 000 千克，承载有效载荷近 2 000 千克。提供有效载荷功率 22 千瓦，具有高承载、大功率、高散热、长寿命、可扩展等特点，采用大功率供配电系统等先进技术，能携带更多的载荷。平台各项技术指标均达到国际领先水平，将是中国下一代的主力大容量通信卫星平台。

导航定位卫星 ≫

目前世界上共有四套导航卫星系统：美国的全球定位系统（GPS）、俄罗斯的格洛纳斯卫星导航系统（GLONASS）、欧洲的伽利略导航卫星系统和中国的北斗卫星导航系统（BDS）。北斗卫星导航系统是世界上第四个成熟的卫星导航系统，是我国自行研制的全球卫星导航系统。

北斗卫星导航系统的徽标外圈是北斗卫星导航

◀‖北斗卫星导航系统徽标‖▶

系统的中英文字，蓝色象征天空。里面是一个圆，深蓝色上部表示太空，七个小圆点为北斗七星，下部白色的经纬线代表地球。中间的阴阳鱼图形把圆分成了太极图案，阴阳鱼图形又与中国古代的指南仪器"司南"相似。

20 世纪后期，为了打破美国 GPS 导航的垄断，我国开始探索发展适合本国国情的卫星导航系统。制订一个三阶段的发展规划：2000 年，开始建造北斗一号系统，向中国提供服务；2012 年，建造北斗二号系统，向亚太地区提供服务；在 2020 年前后，建成北斗全球系统，向全球提供服务。2035 年前还将建设更为先进的智能综合时空体系（PNT），即定位（Positioning）、导航（Navigation）和授时（Timing）组成的时空体系，是使我们能够在纷繁信息中准确描述时间和空间事件的关键技术。

北斗卫星导航系统也是由空间段、地面段和用户段三部分组成。空间段计划由 5 颗静止轨道卫星和 30 颗非静止轨道卫星组成。所谓静止轨道卫星就是卫星运行的轨道是处

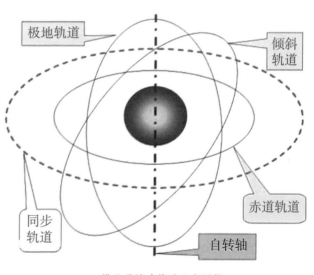

几种地球轨道示意图

在赤道平面内的、高度为 3.6 万千米的圆形地球同步轨道。卫星处在这种轨道上以 23 小时 56 分 04 秒的周期，与地球一起转动。从地面来看，这种卫星就像悬挂在天空中一样，始终对准地面上的一点。三颗通信

卫星布设这样的轨道上，就可以实施除南、北极附近少数区域外的全球通信。非静止轨道可分为倾斜地球同步轨道和中地球轨道等。倾斜地球同步轨道卫星的运行周期和高度与静止轨道卫星相同，但轨道平面与赤道平面有一倾斜角。如果轨道平面与赤道平面的夹角为90°的轨道，则称为极地轨道。中地球轨道卫星是指卫星轨道高度在 2 000 ～ 20 000 千米之间的地球卫星。

在不同轨道上运行的通信卫星功能不同，所起作用也不同。倾斜地球同步轨道卫星虽然与地球同步转动，但因其轨道面与赤道平面有一夹角，所以在地面上看起来，这些卫星好像是在沿着某条经线在上下移动。如果其运行周期与地球自转周期并不严格相等的话，那看起来就像是在走一条"8"字形的轨迹，所以被称为"跳舞卫星"。

1994 年，北斗一号系统的工程建设启动。2000 年 10 月 31 日，发射了北斗系列的第一颗卫星北斗一号 A，12 月 21 日发射了北斗一号 B，开始了北斗一号系统的建设。2003 年 5 月 25 日，发射了位于东经 85.3° 赤道上空的地球静止轨道卫星。2007 年发射北斗一号 D，至此北斗一号系统的四颗卫星全部发射完毕。2008 年北京奥运会期间，特别在汶川抗震救灾中，这个系统发挥了重要作用。

由于北斗一号系统采用的是有源定位体制，技术较落后，无法在高速移动的平台上使用，也不符合军事用途。为此，2007 年 4 月 14 日发射了北斗二号系统第一颗北斗导航卫星。这是一颗中轨道卫星，高度 21 500 千米。由长征三号甲运载火箭在西昌卫星发射中心发射，从此我国进入"北斗二号"的时代。北斗二号系统并不是北斗一号的简单延伸，它克服了北斗一号卫星导航系统所存在的缺点，开始提供海、陆、空全方位的全球导航定位服务，类似于美国的 GPS 和欧洲的伽利略定位系统。中国有关方面明确宣布："北斗二号就是国产的 GPS，只要现在 GPS 能应用的地方，我们的北斗二号就能应用。"

由于设计寿命的原因，部分北斗卫星已超期服役，需要发射一些新的卫星替换这些超期服役的卫星。2019 年 5 月 17 日 23 时 48 分，我国在西昌卫星发射中心用长征三号丙运载火箭，成功发射了第 45 颗北斗导航卫星。该卫星属地球静止轨道卫星，是我国北斗二号导航卫星系统的第四颗备份卫

◀‖ 北斗二号导航卫星系统示意图 ‖▶

星，入轨并完成在轨测试后，接入北斗导航卫星系统，可以增强星座稳定性，为用户提供更可靠的服务。至此，北斗二号卫星导航系统的建设圆满成功。

2009 年，中国第三代导航卫星系统——北斗三号系统正式启动。2017 年 11 月 5 日，北斗三号的首批组网卫星（2 颗），也就是第 24、25 颗北斗导航卫星，以"一箭双星"的方式发射升空，"北斗"全球导航卫星系统正式开始建造。到 2018 年 11 月 19 日，我国已密集发射了从第 24 到第 43 的 19 颗北斗三号导航卫星。如此之多的北斗卫星在一年里发射，使 2018 年被称作"北斗井喷年"。2019 年 4 月 20 日 22 时 41 分，我国在西昌卫星发射中心又用长征三号乙运载火箭，成功发射了第 44 颗北斗导航卫星。这颗卫星是北斗三号系统的第 20 颗组网卫星，也是北斗三号系统首颗倾斜地球同步轨道卫星，该卫星将与此前发射的 18 颗中圆地球轨道卫星和 1 颗地球同步轨道卫星进行组网。这种由三种不同类型轨道卫星混合一起组成星座的设计，是我国的北

斗导航卫星系统独有的，也是国际首创的设计。美国的 GPS 系统的组网卫星只有 24 颗，分布在 6 个彼此相隔 60° 的轨道面上。运行轨道都是单一的倾斜 55°、高度 20 200 千米的中地球轨道。我国北斗三号系统的星座设计明显要比 GPS 系统优越。

目前，国际民航组织（ICAO）已经认可北斗导航卫星系统为四大全球导航卫星系统（GNSS）的核心星座之一，国际海事组织（IMO）也已认可北斗系统为第三个世界无线电导航系统，北斗导航卫星系统的国际地位和国际影响力得到了进一步的提高。

太空遨游 》》》

在火箭发射和卫星技术取得一系列成功之后，我们的目标就瞄准在载人航天上了。早在 1986 年 3 月，国务院同意开展载人航天的研究，并在"七五"计划给予必要的支持。

1992 年 9 月 21 日中央召开会议，批准实施中国载人航天工程。由此开始了我国航天史上规模最大、系统组成最为复杂、技术难度和安全可靠性要求最高的一个国家重点工程。由于批准的日期是 9 月 21 日，故命名为"921 工程"。"921 工程"包括：载人飞船、航天员、空间应用、运载火箭、陆地发射、测控通信和返回着陆等七大系统。这些任务被具体分配给了相关的单位，并规定凡承担飞船工程任务的单位都必须做到：确保按计划完成国家已确定的任务；确保按计划完成所分工的飞船研制任务。在全国各个单位的通力合作下，我们只有花了 7 年时间，在建国 50 周年，把中国第一艘载人太空飞船送上了地球轨道！

中国载人航天计划具体分成三步走：第一步载人飞行，第二步建立空间站，第三步进行深空探索。第一步的目标就是把航天员送入轨道，进而进行太空行走。要实现此目标，有许多准备工作需要完成：一是要改进原有火箭，使之能够安全、可靠地用于载人航天；二是要研制适合航天员生活和工作的太空飞船；三要新建载人航天的发射场；四要建设航天飞行控制中心和陆地海洋的测量控制网络；五要建设返回舱的陆地着陆场；六是控制海上返回舱落点区域的范围，确保航天员的安全；七是要培训我国第一批航天员；八是设计可以在太空飞船上进行的实验研究项目。其中，运载火箭的改进和太空飞船的研制是关键中的关键。

中国载人航天计划所用的运载火箭，长征二号F运载火箭（缩写CZ-2F），是在长征二号捆绑运载火箭（简称长二捆，缩写CZ-2E）的基础上，按照发射载人飞船的要求，以提高可靠性、确保安全性为目标来研制的。长征二号运载火箭是中国研发的长征系列运载火箭之一，为二级液体运载火箭，主要用于发射各类近地轨道卫星和其他航天器，是中国的航天运载器的基础型号。在长征二号的技术基础上，发展了长征二号系列运载火箭（CZ—2A、CZ—2C、CZ—2E等）和长征三号系列运载火箭，发射成功率皆极高。

长征二号F运载火箭由中国运载火箭技术研究院（前航天部一院）研制。1992年开始研制，由四个液体助推器、芯一级火箭、芯二级火箭、整流罩和逃逸塔组成。

长征二号F运载火箭的航天员安全性指标为0.997，火

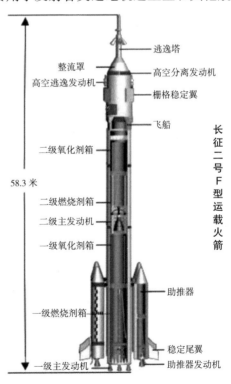

逃逸塔
整流罩
高空逃逸发动机
高空分离发动机
栅格稳定翼
飞船
二级氧化剂箱
58.3 米
二级燃烧剂箱
二级主发动机
一级氧化剂箱
助推器
一级燃烧剂箱
稳定尾翼
助推器发动机
一级主发动机

长征二号F型运载火箭

◀‖ 长征二号F运载火箭结构示意图 ‖▶

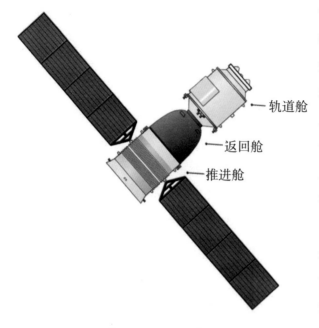

轨道舱

返回舱

推进舱

◀‖ 神舟飞船示意图 ‖▶

箭可靠性指标为 0.97，达到了国际载人火箭的先进水平。1999 年 11 月 19 日，长征二号 F 运载火箭采用垂直总装、垂直测试和垂直运输的"三垂"测试发射模式，将中国第一艘实验飞船"神舟一号"飞船送入太空。2002 年成功发射"神舟三号"后，长征二号 F 运载火箭被命名为"神箭"。

长征二号 F 运载火箭有基本型和改进型两种。长征二号 F 基本型安装有保障航天员生命的逃逸塔，用于神舟飞船的载人飞行任务；全长 58.34 米，起飞质量 479.8 吨，低地球轨道运载能力 8.4 吨；神舟一号至神舟七号飞船均由它发射。神舟七号以后，长征二号 F 基本型就不再执行任务，后续任务改由改进型承担。长征二号 F 改进型缩写为 CZ-2F/G，是在基本型的基础上改进而成。长征二号 F 改进型的低轨道运载能力为 8.8 吨，比基本型有所提高。1999 年 11 月 19 日首次发射神舟一号至 2016 年 10 月 17 日发射神舟十一号，长征二号 F 运载火箭已经完成了十三次发射，发射成功率达到 100%，为中国载人航天事业立下了不朽的功勋，也成了长征系列运载火箭家族中的"明星"火箭。

下一个关键就是研制飞船了。运载火箭尚有长征系列的前期型号可供借鉴。载人飞船则不然，我国并无研制的经验；而国外这方面的技术都是严格保密的，无法借鉴。中国的载人飞船只能是由中国人自行研发。神舟飞船由中国空间技术研究院负责研制。中国空间技术研究院是1968年2月20日由中国科学院卫星设计院等十多个从事空间飞行器研究的单位组建而成的，钱学森任第一任院长。中国空间技术研究院虽然成功研制过用途迥异的多种卫星，但是载人飞船的难度不可同日而语。载人飞船有13个分系统、600多台设备、50多万个软件程序、300多根电缆、8万多个接点，所有都必须确保万无一失。载人飞船的协作单位有300多个，组织这么多单位协同生产，也是一项艰巨的任务。中国的航天人就是在困难重重的情况下，花了7年多时间，攻克了18个重大技术难关，破解了成千上万的技术难题，终于研制出了具有完全自主知识产权的神舟飞船。在国庆50周年之际，提前实现了"争八保九"的诺言，胜利升空。

美国的载人飞船分为三代，第一代是载1人的"水星号"，第二代是载2人的"双子星号"，第三代是能载3人的"阿波罗号"。俄罗斯的第一代载人飞船是载1人的"东方号"，第二代的"上升号"和第三代"联盟号"都是能够载3人的。我国的太空飞船一开始就是按照能够运载3名航天员设计的，相当于国外的第三代。它具有起点高、具备留轨利用的能力等特点，达到了国际先进水平。

神舟飞船采用"三舱一段"结构，即由轨道舱、返回舱、推进舱和附加段构成。神舟飞船的轨道舱是一个圆柱体，总长为2.8米，最大直径2.27米，一端与返回舱相通，另一端与空间对接机构连接。轨道舱被戏称为"多功能厅""太空卧室"等，航天员除升空和返回时进入返回舱外，其他时间都在轨道舱里生活和工作。舱内温度为17～25℃，备有食物、饮水、大小便收集器等生活装置，以及用于空间应用和科学试验用的仪器设备。在返回舱返回后，神舟飞船的轨道舱还将继续留在轨道上工作半年左右，相当于一颗对地观察卫星或太空实验室，这是神舟飞船的一大亮点，俄罗斯和美国飞船的轨道舱与返回舱分离后，一般是废弃不用的。

返回舱又称座舱，呈钟形，有舱门与轨道舱相通。内设可供3名航天员斜躺的座椅，供航天员在起飞、上升和返回阶段乘坐。轨道舱和返回舱都是密闭的舱段，内有环境控制和生命保障系统，确保舱内充满一个大气压力的氧氮混合气体，能将温度和湿度调节到合适的范围，确保航天员在整个飞行任务过程中的生命安全。

推进舱又叫仪器舱或设备舱，安装有电源、推进系统、轨道制动系统，并为航天员提供氧气和水。设备舱的尾部是飞船的推进系统，主推进系统由4个大型主发动机组成，位于推进舱的底部正中。推进舱的侧裙内，四周分别布置了4对纠正姿态用的小推进器；推进舱的侧裙外，还安置有辅助用的小型推进器。

附加段也叫过渡段，是为将来与另一艘飞船或空间站交会、对接预留的。在用于对接之前，附加段可以安装用于空间探测的各种仪器。

经过7年多的艰苦努力，1999年11月20日北京时间06:30，我国第一艘太空飞船"神舟一号"搭乘长征二号F运载火箭，在酒泉卫星发射中心顺利升空。在轨运行14圈、历时21小时11分后，6月21日凌晨3点41分，"神舟一号"返回舱在内蒙古自治区中部地区四子王旗主着陆场实现软着陆。我国载人航天事业迈出了关键的第一步。"神舟二号"飞船是中国的第一艘正样无人飞船。"神舟三号"同样也是一艘正样无人飞船，飞船上搭载有模拟人。"神舟四号"虽然是无人飞船，但它不仅搭载了模拟人，而且是一艘实实在在的载人飞船，只是没有载人而已。这三艘无人飞船与"神舟一号"一样，也都是在酒泉卫星发射中心，由长征二号F运载火箭发射升空，在内蒙古中部的四子王旗航天着陆场着陆。它们的发射为真人上天探明了道路，清除了障碍，打下了基础。

2003 年 10 月 15 日，激动人心的时刻到来了，载有"神舟五号"飞船的长征二号 F 运载火箭，在酒泉卫星发射中心发射升空，把中国第一位航天员杨利伟送上了太空，迈出了太空遨游的第一步。这次发射与以往不同，不是在晚间而是在白天发射。晚间发射的主要原因是，在黑暗的背景中，目标更容易被地面光学跟踪观测仪器捕捉。神舟五号是载人飞船，为了确保航天员的人身安

◀‖杨利伟‖▶

全。白天发射，可以在万一出现意外时，采取应急措施；同时地面工作人员操作也方便。

北京时间上午 9 时整，长征二号 F 火箭的一级发动机和 4 个助推发动机同时点火。120 秒时，逃逸塔分离；137 秒助推器分离；159 秒火箭一、二级分离；200 秒整流罩分离；460 秒二级主发动机关机；587 秒船箭分离。飞船进入倾角 42.4°、近地点高度 199.14 千米、远地点高度 347.8 千米的地球椭圆轨道。在第 5 圈实施变轨，进入 343 千米圆轨道。

飞行期间，航天员不进入轨道舱，不脱航天服，按预定程序和地面指挥，手动操纵船箭分离、帆板展开、推进舱和返回舱分离等动作。地面控制中心则通过生理遥测参数，了解航天员的身体状态。

神舟五号载人飞船轨道运行 14 圈后返回地球。在返回前的一圈，飞船偏航调姿 90° 后，轨道舱与飞船（返回舱和推进舱）分离。之后

飞船再次偏航调姿 90°，经制动进入返回轨道。轨道舱则继续留轨飞行，开展有关空间科学实验和技术试验。当高度降到 145 千米时，推进舱与返回舱分离。返回舱再入大气层，穿越"黑障区"后进入主着陆场的上空，按程序开伞减速。下降至距地面 1 米左右时，着陆缓冲发动机点火工作。在飞行 21 小时 23 分后，神舟五号飞船的返回舱，于 2003 年 10 月 16 日早晨 6 点 23 分，在内蒙古四子王旗主着陆场安全着陆。

◀‖ 杨利伟自主走出返回舱 ‖▶

神舟五号载人飞船返回舱着陆后，中国航天第一人——杨利伟自主走出了返回舱，受到当时在场所有人员的热烈欢迎。

2003 年 10 月 17 日，神舟五号飞船返回舱运抵北京。18 日上午 11 点，神舟五号载人飞船搭载物品开舱仪式在北京航天城举行，当众取出了随神舟五号飞船在太空翱翔了 20 多个小时的巨幅五星红旗。23 日晚，神舟五号飞船返回舱运抵中华世纪坛，在世纪坛的世纪大厅对外展出。以后将前往香港、上海等地展出。

神舟五号载人飞船成功发射并返回的消息一经传出，就得到全世界的极大关注。由此还在西方语言中出现了一个新词"taikonaut"，其前半部分"taiko"与中文"太空"的拼音相似；而它的后缀部分"naut"

与"astronaut（航天员）"的后缀一样。用这个中西合璧的词来称呼中国航天员是最合适不过的。杨利伟是第一个可以被称为"taikonaut"的人。

神舟五号载人飞船是中国发射的第一艘载人航天飞行器，是我国航天技术史上的又一座重要的里程碑，标志着中国已经成为继苏联（俄罗斯）和美国之后世界上第三个将人类送上太空的国家，意义十分重大。载人航天飞行器不同于无人航天飞行器，它不但对火箭和飞船的要求更高。更重要的是要在飞船内部创造一个适合人类生存的安全环境，提供必需的生活支持保障，所以飞船上必须要有环境控制和生命保障系统。

在美、苏两国的航天员上天后，当时我国虽然还不具备条件，但就已经未雨绸缪作了一些前期准备。1964年7月19日，我国发射的第一枚生物探空火箭上面就装载了中国第一批"航天生物"：4只大白鼠、4只小白鼠以及12支果蝇。其目的是研究在太空飞行中，生物对超重、失重、高空弹射、宇宙辐射等因素的适应性，为以后的载人航天飞行器的设计提供可靠、有效的依据。

载人太空飞行首先必须要有"人"，即航天员来执行飞行任务。航天员在太空飞行时所处环境恶劣，长期失重状态，太空舱空间狭小而又封闭，升空过程中要承受巨大的超重压力，降落时又遭到失重和其他对身体的伤害。工作又紧张，既要按照地面控制中心的指令操控航天器，还要观测航天器的飞行姿态和舱外情况。航天员必须有坚强的体魄和极好的心理素质。选拔先天条件好的人来充任航天员是远远不够的，必须经由严格的培训，才能成为一个合格的航天员。

1998年1月，我国组建了航天员大队，在空军等单位符合基本条件的1500人中，经过层层筛选，最终挑选出了14名航天员（包括2名教练）。经过几年魔鬼般的严格训练，终于铸就了中国的第一代航

◀‖ 费俊龙和聂海胜在返回舱中 ‖▶

天员。神舟号载人飞船的航天员，如杨利伟、费俊龙、聂海胜、翟志刚、刘伯明、景海鹏、刘旺、刘洋、张晓光、王亚平、陈冬等以及后备队员都是这个大队培养出来的佼佼者。

神舟五号将中国第一个航天员成功送上天后，2005年10月12日，又成功发射了神舟六号飞船，把中国的第二批两名航天员——指令长费俊龙和操作手聂海胜，送上了太空，我国成了世界上第三个能够送多人上天的国家。

"神舟六号"与"神舟五号"相比没有太大的差别，仍为三舱结构，重量基本保持在8吨左右，也是用长征二号F型运载火箭在酒泉卫星发射中心发射。但航天员由一人增加到两人、在轨运行时间由1天增加到了4天多。这些变化看起来似乎只是数量的变化，其实不然，载人飞船上的任何变动都不可轻视。例如人多了、时间长了，所需要的食品、水、氧气的量就增多了；时间超过一天，就必须解决航天员的睡眠、洗漱、排泄等生活问题。所以神舟六号要在轨道舱中增加相应的设施。两位航天员要从返回舱进入轨道舱进行科学实验活动，轨道舱的舱门要开启；结束任务后回到返回舱后，舱门必须关闭。如果舱门关闭不严，将会造成严重后果，甚至会危及航天员的生命。神舟六号上装有舱门密闭快速自动检测装置，以确保舱门密闭。神舟五号上杨利伟所穿的宇航服重达10千克，好在他在舱内并不活动，服装笨重一些问题还不算太大。但是神舟六号上的费俊龙和聂海胜则不然，他们要在返回舱和轨道舱之间爬行往返，所以宇航服必须作相应的改进。

神舟六号的在轨运行时间长达4天19小时32分，绕地球运行77周。完成了各项任务后，2005年10月16日20时33分，神舟六号飞船返回舱在内蒙古四子王旗主着陆场成功着陆。21时04分返回舱舱门被打开；21时39分航天员费俊龙和聂海胜离开返回舱。

苍穹漫步 >>>

神舟系列飞船的每一艘都有明确的目标，继实现了两名航天员在地球轨道运行的目标之后，下一个目标就是太空行走了。神舟七号载人飞船的主要目的就是实施中国航天员首次太空出舱活动。

2008年9月25日21时10分，长征二号F运载火箭承载神舟七号载人航天飞船，在中国酒泉卫星发射中心发射升空。神舟七号载人飞船由中国空间技术研究院和上海航天技术研究院共同研制，它是我国的第三个载人航天器。飞船上载有翟志刚（指令长）、刘伯明和景海鹏等三名航天员。

◀‖ 神舟七号太空飞船徽标 ‖▶

神舟七号要实现太空行走，与神舟五号和神舟六号相比，有载人飞船气闸舱、舱外航天服等关键技术需要突破。

神舟七号采用了气闸舱与生活舱一体化的设计技术。虽然神舟七号飞船和神舟六号飞船一样，也是推进舱、返回舱、轨道舱的三舱结构，但其轨道舱进行了全新的设计，兼作航天员的生活舱和出舱活动气闸舱。气闸舱是用来调节气压的。航天员出舱前，气闸舱快速泄出空气，使舱内压力接近真空状态下的零气压；航天员返回后，气闸舱又要快速恢复压力至一个标准大气压。气闸舱内还必须配置其他支持航天员空间出舱活动的设备设施。

神舟七号的舱外航天服实际上是一个浓缩了的舱外生命保障系统，它要为出舱活动的航天员提供大气压力、氧气供给、温湿度控制等保证。是出舱活动的主要装备，系统复杂，高度集成，技术难度很大，安全可靠性要求很高。从1995年开始，中国开始研制舱外航天服。2004年，舱外航天服的研制工作全面启动，生产了航天员飞行用和地面训练用的多套舱外航天服。

神舟七号出舱活动的航天员主动操作多、难度大、在轨应急处置情况复杂。针对这些特点，设计了一套严格的地面试验和训练方案，

翟志刚（中）、刘伯明（右）和景海鹏（左）

◀‖ 神舟七号3名航天员 ‖▶

事先挑选了 6 名初选合格的航天员在地面完成这些训练。然后再挑选 3 名合格者为神舟七号的航天员，直到最后一刻，才确定翟志刚出舱行走。

9 月 25 日 21 时 30 分，在发射升空 20 分钟后，神舟七号飞船进入轨道。7 分钟后报告说：空间环境平静，飞船在轨运行安全。23 时 19 分，在第二圈飞行过程中，航天员翟志刚首次从飞船返回舱进入轨道舱工作。

9 月 26 日清晨，神舟七号飞船由椭圆轨道变成近圆轨道。白天，航天员开始组装测试舱外航天服，两套舱外航天服组装完成。23 时多，翟志刚穿着"飞天"舱外航天服首次亮相。

9 月 27 日 13 时 57 分，返回舱舱门关闭，航天员开始进行出舱前准备工作。14 时，神七飞行任务总指挥部决定：翟志刚为出舱航天员，刘伯明在轨道舱支持配合翟志刚出舱，景海鹏在返回舱值守。15 时 30 分，舱外航天服气密性检查正常，气压阀检查正常。15 时 48 分，神七轨道舱开始进行第一次泄压。16 时 22 分，航天员穿好舱外航天服。16 时 24 分，航天员吸氧排氮，泄压工作准备完毕。16 时 26 分，轨道舱开始第二次泄压，舱内气压降至满足航天员出舱的条件。16 时 39 分，在刘伯明、景海鹏的协

◀‖手持国旗的出舱航天员翟志刚‖▶

助和配合下，翟志刚顺利出舱，实施中国首次空间出舱活动。16时48分，翟志刚在太空迈出第一步，中国人的第一次太空行走开始。他面向舱外摄像机挥手致意，向全国人民和世界人民问好并展示五星红旗。

16时58分，北京航天飞行控制中心发出指令："返回轨道舱"。16时59分，翟志刚进入轨道舱，关闭轨道舱舱门，太空行走结束。17时00分35秒，舱门完全关闭，出舱活动圆满完成。地面飞行控制中心对飞船和3位航天员进行检查，结果表明，飞船运行正常，航天员工作正常，身体状况良好。

神舟七号飞船有四大在轨试验任务，太空行走是其中最为引人注目的一项。另外三项分别是：释放伴飞卫星、进行中继卫星天链一号01星的应用试验和固体润滑材料在轨试验。

27日19时24分，神舟七号飞船飞行到第31圈时，成功释放一颗伴飞小卫星。这是我国首次在载人航天器上放飞小卫星。这颗"伴星"质量约为40千克，全部载荷不足10千克。这些载荷包括测控通信、照相、热控、自主导航定位、星务管理等装备。麻雀虽小，五脏俱全，这颗伴飞小卫星是一颗完整的卫星。

中继卫星是跟踪和数据中继卫星的简称，它的主要作用是跟踪和测定中低轨道卫星；实时转发遥感和遥测数据；承担通信和数据传输中继业务等。故又称为卫星中的卫星，中继卫星相当于把地面上的测控站升高到了地球卫星轨道高度，一颗卫星就能观测到大部分在近地空域内飞行的航天器，两颗卫星组网就能基本覆盖整个中、低轨道的空域。因此由两颗卫星和一个测控站组成的中继卫星系统，可以取代配置在世界各地的、由许多测控站组成的航天测控网。

2008年4月25日23时35分，中国的第一颗中继卫星，天链一号01星，搭载长征三号丙运载火箭在西昌卫星发射中心发射升空。它可以提供神舟七号飞船在空间的准确消息。另一方面，神舟七号飞船也可以对天链一号 01 星的应用功能进行测试。

　　神舟七号飞船实现了中国历史上第一次的太空漫步，中国成为第三个有能力把人送上太空并进行太空漫步的国家。完成各项任务后，2008 年 9 月 28 日 17 点 37 分，神舟七号飞船在内蒙古四子王旗主着陆场成功着陆。

　　神舟七号飞船的胜利着陆，标志着我国的太空行走目标已经达到。以后发射的神舟八号到神舟十一号，又有新的目标——进行轨道交会对接。所谓"交会对接"就是（载人或不载人）飞船与轨道目标飞行器（即空间站）在轨道上实现"交会"和"对接"。

"天" "神" 合一 》》

　　我国的航天工程是完全凭借自己的力量、一步一个脚印地向前奋进的。在迈出了人造地球卫星、载人航天两大步后，第三步就是要发射我国自行设计、自行制造的空间实验室或空间站了。空间站是一种在近地轨道上长时间运行、可供多名航天员访问并在里面长期工作和生活的载人航天器。

　　1869 年，美国牧师和作家埃弗里特·黑尔写了一篇题为"砖建月球（The Brick Moon）"的文章，文中提出了空间站这一想法。后来俄国的齐奥尔科夫斯基和德国的奥伯特也曾有过空间站的设想。不过空间站的真正出现是在 20 世纪 60 年代末，当时美国实现了阿波罗登月计划，苏联另辟蹊径，构筑空间站想再与美国一争高下。1969 年 1 月，苏联发射了"联盟 4 号"飞船，第二天又发射了"联盟 5 号"飞船，这两艘载人飞船实现了对接，并在在一起飞行了 4 小时 35 分，成为世界上的第一个（非长久性）空间站，之后苏联发射了"礼炮号"空间站，美国发射了太空实验室，欧洲也搭乘航天飞机放置空间实验室，美苏两国合建了"和平号"空间站，即世界上第一个长久性空间站。1998 年，美、俄、日、加等16国合作建设了国际空间站，这是世界航天史上第一个由各国合作建设的载人空间站。

1992年批准实施的中国载人航天工程，即"921工程"，确定了载人航天分"三步走"的发展战略，第一步，天地往返已经实现，第二步中的多人多天飞行、航天员出舱和太空行走也已实现，就剩飞船与空间舱的交会对接、发射短期有人照料的空间实验室和第三步——建立空间站尚未实现。天宫一号则将继续完成第二步后半部分的任务——进行空间交会对接。

天宫一号也叫作目标飞行器，因为它先行被发射到预定轨道上，等待以后发射的飞行器（飞船）以它为目标，一路寻找过来与它"交会"和"对接"。天宫一号的任务方案早在1992年就已确定；2008年公布了它的发射计划；在2009年的春晚还展示了天宫一号的模型。

2011年9月29日21时16分03秒，搭载天宫一号的长征二号FT1（T1代表天宫一号）运载火箭在酒泉卫星发射中心点火发射。天宫一号目标飞行器是我国首个自主研制的载人空间试验平台，全长10.4米，最大直径3.35米，内部有效使用空间约15立方米，可满足3名航天员在舱内工作和生活的需要，设计寿命为2年。

天宫一号还不是一个真正的空间站，只能算是一个试验性的空间站或简易空间实验室。严格来说，空间站和空间实验室是有区别的。空间站是一种在近地轨道上长时间运行的、可供多名航天员巡访、长期工作和生活的载人航天器。空间站又分为单模块空间站和多模块空间站两种。单模块空间站可由航天运载火箭一次携带发射进入轨道，多模块空间站则由航天运载火箭多次分批将各模块送入轨道，在轨道上将各模块组装而成。虽然发射时空间站是不载人的，但是里面有可供航天员生活和工作的一切设施。而空间实验室只是具有进行各种实验功能的太空飞行器，可以是载人飞船、空间站的一段或者航天飞机等等。以后分段发射上天、并在太空中组装而成的天宫二号才是真正的多模块空间站。

天宫一号主体为短圆柱形，质量约 8 吨，直径比神舟飞船大。天宫一号有两个舱：实验舱和资源舱。实验舱的前端安装有一个对接机构以及交会对接的测量和通信设备，用于支持与飞船实现交会对接。资源舱为轨道机动提供动力，为飞行提供能源。

交会对接是一个复杂过程，技术难度很大。要经过四个步骤，才能实现交会对接。首先是"远程引导"；其次是"自动寻的"；其三是"最终逼近"；最后才是"对接桦合"。当两个飞行器横向距离小于 0.18 米、相对速度为 0.1 米 / 秒时，这两个数吨重的飞行器才能精准地连为一体。

2011 年 11 月 1 日 5 时 58 分 10 秒，神舟八号飞船在酒泉卫星发射中心发射升空。神舟八号飞船是一个跟踪飞行器，在轨道舱的前端安装了一个对接机构，具有自动和手动两种交会对接与分离方式。

2011 年 11 月 3 日 1 时 17 分，在甘肃、陕西上空与天宫一号"平移靠拢"后，8 吨重的神舟八号与 8.6 吨重的天宫一号以 0.2 米 / 秒的速度相互对撞。神舟八号上面的主动对接机构撞上了天宫一号上的被动对接机构，大概 10 分钟后，两者严丝合缝连为一个组合体，形成了一个小型空间站。

天宫一号与神舟八号组合飞行 12 天之后，11 月 14 日两飞行器按计划自动分离，随后又进行了第二次交会对接试验。在再次组合飞行了 2 天后，11 月 16 日 18 时 30 分，神舟八号飞船与天宫一号目标飞行器成功分离。2011 年 11 月 17 日 19 时左右，神舟八号的返回舱返回地面。这标志着我国已经成功掌握空间交会对接、自动分离以及组合体运行等一系列关键技术，是我国航天史上的又一里程碑。神舟八号是一艘无人飞船，目的是验证交会对接方案的安全可靠性，为下一步载人飞船与目标飞行器的对接进行准备。

景海鹏（中）、刘旺（左上）、刘洋（右下）

◀‖神舟九号航天员在返回舱中‖▶

2012 年 6 月 16 日 18 时 37 分 21 秒，承载神舟九号载人飞船的长征二号 F 运载火箭在酒泉卫星中心点火，10 分钟后飞船和火箭分离。18 时 55 分，神舟九号载人飞船进入近地点高度 200 千米、远地点高度 330 千米的预定轨道。飞船上的三名航天员是景海鹏、刘旺、刘洋（女）。飞行乘组的指令长景海鹏已是第二次执行航天任务了，刘洋是我国的首位女航天员。

神舟九号的目的是实现载人飞船与目标飞行器的手动交会对接。与神舟八号相比，神舟九号和天宫一号的交会对接，除了从无人到有人、从自动到手动的不同之外，还有一些重要差别：神舟八号是后向对接，即飞船从后面赶上天宫一号实现对接。而神舟九号则是前向对接，即飞船在前，天宫一号从后面追赶上来进行对接。神舟八号与天宫一号的交会对接只是完成了两个飞行器的刚性连接，并没有打开连接两航天器的舱门。还不能算真正连为一个整体。

早在神舟九号飞船发射前的 20 天，天宫一号目标飞行器就开始进行降轨调相，降到高度约为 343 千米的近圆对接轨道，内部调成可以载人的环境，等待神舟九号飞船前来与它交会对接，让航天员们进入它的内部进行工作和生活。

◁‖ 神舟九号（左）与天宫一号（右）组合体 ‖▷

6月18日11时左右，神舟九号进入自动交会对接过程，其程序与神舟八号飞船的交会对接基本一致。14时左右完成了与天宫一号目标飞行器自动交会对接，飞船和目标飞行器共同组成了一个组合体。指令长景海鹏顺利打开天宫一号目标飞行器的舱门，3名航天员通过对接通道进入天宫一号实验舱。在组合体飞行期间，飞行控制等操作均在天宫一号目标飞行器内进行，神舟九号飞船处于停靠状态。6月19日，航天员们全面开展各项工作。

3名航天员在神舟九号飞船轨道舱内就餐，在天宫一号实验舱内进行科学实验、技术试验、锻炼身体和休息。由于有了一名女航天员，所以要添加一些女性必需的生活设施。

神舟九号飞船与天宫一号目标飞行器按计划要进行两次交会对接，一次自动，一次手动。完成了自动交会对接后，由航天员手动控制来完成第二次交会对接。航天员刘旺负责手控对接的操作。2012年6月24日，3名航天员从天宫一号返回神舟九号飞船的轨道舱，依次关闭各舱段的舱门，"神""天"分离。神舟九号飞船自主撤离到距目标飞行器约400米处，然后自主控制接近目标飞行器。在相距140米处，

转交航天员刘旺进行手动控制，瞄准目标飞行器的十字靶标，通过操作控制姿态和平移的手柄，使飞船逐步接近目标飞行器，直至对接机构相互接触。手控交会对接完成后，3名航天员再次进入天宫一号实验舱。

2012年6月29日，神舟九号飞船最后一圈绕地球飞行时，地面指挥中心下达返航命令。3名航天员返回神舟九号飞船返回舱，两飞行器分离。航天员刘旺手动控制把飞船撤离至距天宫一号140米处，飞船转为自主控制，继续撤离至5千米外的安全距离。神舟九号飞船10点00分安全返回内蒙古四子王旗主着陆场。目标飞行器变轨进入370千米高的自主飞行轨道，转为长期在轨运行，等待下一个跟踪飞行器的到访。

中国首次载人空间交会对接成功，表明我国已经有了发射小型天空实验室的能力。

2013年6月11日17时38分发射的神舟十号飞船是中国第五艘载人飞船，它将执行神舟号系列飞船与天宫一号的最后一次对接任务。飞船飞行乘组由男航天员聂海胜、张晓光和女航天员王亚平组成，聂海胜担任指令长。2013年6月13日，神舟十号飞船与天宫一号成功实现自动交会对接，其过程与天宫一号和神舟九号的基本一致。两飞行器对接形成组合体后，航天员进入天宫一号实验舱，对其进行短暂的有人照管试验。组合体飞行约10天后，3名航天员返回神舟十号飞船，飞船与天宫一号分离。然后由航天员手动控制完成飞船与天宫一号的第二次交会对接。2013年6月23日10时07分，在航天员聂海胜的精准操控和张晓光、王亚平的密切配合下，天宫一号目标飞行器与神舟十号飞船成功实现手控交会对接。2013年6月26日8时7分许，神舟十号载人飞船返回舱在内蒙古四子王旗主着陆场顺利着陆，航天员聂海胜、张晓光、王亚平出舱。

乍一看，神舟十号似乎只是重复神舟九号的操作。其实不然，神舟十号已经不是以验证技术为目的的试验性飞行，而是我国载人天地运输系统的首次应用性飞行。它在为天宫一号目标飞行器在轨运营提供人员和物资运输的服务；考核组合体对航天员生活、工作和健康的保障能力；检验航天员的执行能力；检验各系统的功能、性能和系统之间协调性。这些都是在为组建中国空间站作准备。另外神舟十号还有一个不同，它"绕飞"了天宫一号一圈，这也是为将来建设空间站做准备，因为未来的空间站有多个对接口，必须绕飞才能发现所需的对接口。

◀‖ 王亚平手持单摆进行太空授课 ‖▶

神舟十号的最大亮点是它的太空授课。2013 年 6 月 20 日上午 10 时 04 分，在距离地球约 340 千米的天宫一号上，神舟十号的三名航天员为全国青少年开始了"太空授课"。女航天员王亚平担任主讲老师，聂海胜配合，张晓光担任摄像师，直播了一堂历时 51 分钟的精彩的物理课。进行了太空质量测量、太空单摆运动、太空陀螺运动、太空制作水膜和太空制作水球等五个物理实验，演示了物体在太空失重环境中的种种现象。

太空授课不仅增强了广大中小学生对科学、航天的热爱，也考核了我国天地信息传输的能力。天地间的视频直播要经过中继卫星才能实现，太空授课表明我国这方面的技术已趋成熟，不仅可以完全满足航天科学研究的需求，还有可供商业利用的巨大商机。

◁‖ 王亚平太空授课，聂海胜配合，张晓光摄像 ‖▷

完成了与神舟八号、九号和十号的交会对接和其他各项任务后，天宫一号的主要使命已经完成，且设计寿命也已到达，按理说它可以光荣退休了，但它超期服役，为下一步空间站的建设和运营积累经验。在轨运行 1 630 天后，2016 年 3 月 16 日，天宫一号停止了与地面的数据传输。两年后的 2018 年 4 月 1 日，天宫一号重入大气层，在南太平洋中部上空解体、燃烧后，残骸坠入海域。

2016 年 10 月 17 日 7 时 30 分，在酒泉卫星发射中心，由长征二号 F 遥 11 运载火箭发射神舟十一号飞船升空。这是我国的第六艘载人飞船，也是神舟系列的最后一艘飞船。它的发射宣告了神舟系列载人航天计划圆满结束，一个新的航天阶段将开始。

神舟十一号发射升空时，虽然天宫一号已经不再工作，但它并非没有目标飞行器可寻，因为天宫二号已经在轨道上翘首等了它一个多月。天宫二号是我国自主研发的第二个空间实验室，天宫一号只是一个简易天空实验室，天宫二号才是第一个真正意义上的空间实验室。

2016 年 9 月 15 日 22 时 04 分 09 秒，天宫二号由长征二号 F T2（T2 代表天宫二号）运载火箭承载，在酒泉卫星发射中心发射升空，585 秒后火箭将天宫二号送到预定轨道。2016 年 9 月 16 日，天宫二号顺利进入运行轨道。9 月 25 日，天宫二号被调整至距地面 393 千米的轨道上，等待神舟十一号的光临。

　　天宫二号原来是天宫一号目标飞行器的备份产品，天宫一号成功后，就把这个备份产品的设备加以改进，在确保可靠性的前提下，用来制作天宫二号。天宫二号的外形和规模与天宫一号基本一致。天宫二号也是二舱构型，另在实验舱前部有一先进的"异体同构周边"对接机构，以供神舟十一号来与它对接。天宫二号全长 10.4 米，最大直径 3.35 米，重 8.6 吨，设计在轨寿命 2 年。

◀◣‖天宫二号‖◢▶

　　天宫二号最右边的黑色圆环状物是对接机构；印有国旗的是实验舱；最右边是资源舱和太阳翼板。实验舱又分为前锥段、圆柱段和后锥段三部分。前锥段和圆柱段为密封容器，可供三名航天员短期在内驻留；非密封的后锥段内安装有再生式生命保障设备。资源舱内安装有火箭发动机和电源装置等，外部有太阳翼提供所需能源。实验舱圆柱段外部上面的细圆管内部装有跟踪测量设备，与跟踪飞行器上的微波雷达、目视光学瞄准器等相配合，使跟踪飞行器能够捕获、跟踪、对准目标飞行器，完成两飞行器的交会对接任务。

　　2016 年 10 月 19 日凌晨，神舟十一号跟踪飞行器与天宫二号目标飞行器成功实现了对接，组成了"天""神"组合体。由于航天员要在里面工作生活30多天，所以天宫二号的生活环境和条件比以前高出许多。

随天宫二号一起上天的还有一颗伴随小卫星，这颗小伴星重47千克，带有可见光和红外两类相机，白天、黑夜均可拍摄照片，堪称天宫二号的"自拍神器"。不过"自拍"只是这颗伴星的"副业"而已，它的"正业"是充当"保健护士"，随时为天宫二号体检，检查它的表面"健康状况"和各种设备仪器的工作状态。10月23日7时31分，天宫二号释放出了这颗伴随小卫星。

伴星刚从天宫二号里探出头时，正在丝绸之路的西段上空。当地还是漆黑的夜晚，伴星就用红外相机拍下了第一张照片"天地合影"。图中上部是"天""神"组合体，下部是地球。

◀‖ "天""神"组合体与地球合影 ‖▶

伴星另有一台可见光相机，其像素达2500多万，与我们日常商用相机的像素相仿。相机镜头视场只有7°，相当于一个望远镜镜头。所以，要为身长接近20米的"天神"组合体拍摄全身照，必须在300米以外。伴星相机能在如此远的距离、不偏不倚地拍下高速飞行的"天""神"组合体全身照，要有非凡的自动跟踪和姿态控制能力才能做到。10月25日，伴星从距天宫150米处开始拍摄，一共拍下了600多幅照片。

作为我国首个真正意义上的空间实验室，天宫二号搭载的实验项目有 14 个之多，为历次载人航天之首。在空间科学领域，天宫二号空间实验室有三个重点项目：空间冷原子钟、空地量子密钥分配和伽马爆偏振探测。天宫二号上的空间冷原子钟可以使飞行器的自主守时精度提高两个数量级，具有广泛的应用价值。空地量子密钥分配将为未来建立不可破译的信息安全系统奠定基础。伽马爆偏振探测将对揭示宇宙起源、演化和结构的奥秘有极大帮助。2019 年 4 月，伽马爆偏振探测仪（简称"天极"望远镜）已经完成了对伽马射线暴瞬时辐射的高精度偏振探测，实现预定科学目标。天宫二号上的其他多项研究，也都达到国际先进水平，应用意义十分重大。

2016 年 10 月 19 日，神舟十一号飞船和天宫二号空间实验室对接组成"天""神"组合体，到 2016 年 11 月 17 日已经在一起运行整整 30 天。航天员景海鹏、陈冬也在天宫二号空间实验室中工作生活了 30 天，创造了中国航天员太空驻留时间的新纪录。神舟十一号飞船与天宫二号空间实验室分离前，他们成功地将天宫二号舱内所有综合材料、实验样品、高等植物培养实验返回单元都转移到了神舟十一号飞船返

◀▮▮景海鹏（前）、陈冬（后）进入天宫二号实验舱 ▮▮▶

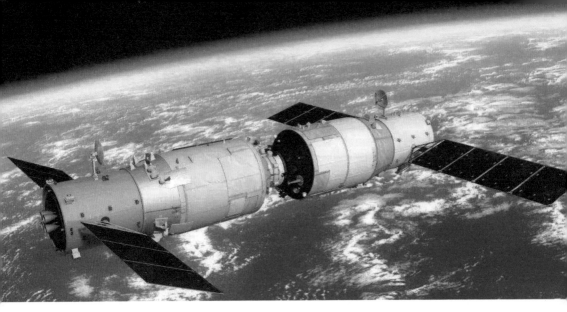

◁‖ 天舟一号（左）与天宫一号（右）对接图 ‖▷

回舱中，然后自己返回到返回舱。2016 年 11 月 17 日 12 时 41 分，神舟十一号飞船与天宫二号空间实验室分离；11 月 18 日 13 时 59 分，神舟十一号飞船返回舱顺利降落主着陆场。航天员景海鹏、陈冬身体状况良好，天宫二号与神舟十一号的载人飞行任务取得圆满成功。

神舟十一号载人飞船返回后，天宫二号仍停留在轨道上，等候新的访客。

在轨运行的空间实验室、空间站自身都要消耗物资，到访的载人飞船，也需要物资补给损耗。所以空间实验室、空间站的访客除了有载人飞船外，还需要有货运飞船来补给物资。国际空间站就是由于美国航天飞机停航、俄罗斯无力发射货运飞船而陷入尴尬。

天宫二号在轨道上等来的一位新客人是天舟一号货运飞船。这是我国自主研制的第一艘货运飞船。2011 年立项，2013 年命名为"天舟"，意为"天地运货之舟"。天舟一号货运飞船采用两舱结构，由货物舱和推进舱两部分组成，直径较小的是推进舱，直径较大的为密封的货物舱。全长 10.6 米，最大直径 3.35 米，起飞质量为 12.91 吨，太阳帆板展开后最大宽度 14.9 米，物资运输能力约 6.5 吨，推进剂补加能力约 2 吨，具备独立飞行 3 个月的能力。天舟一号的货物运输能力，是俄罗斯进步号 M 型货运飞船的 2.6 倍，处于国际领先水平。

　　2017 年 4 月 20 日 19 时 41 分，天舟一号货运飞船由新一代的长征七号运载火箭运送，从文昌航天发射场拔地而起，直刺天穹。

　　4 月 22 日 12 时 16 分，天舟一号与天宫二号空间实验室进行首次无人交会对接。形成组合体后，随即调整姿态，由天宫二号在前控制改为由天舟一号在前控制，以此来测试天舟一号货运飞船对组合体的控制能力。4 月 27 日 19 时 07 分，首次完成在轨道上补加推进剂，目前世界上只有三个国家掌握这一技术。

　　组合体在轨道上稳定运行期间，按程序开展了一系列空间科学实验和应用技术试验，各项工作进展顺利。在此期间，天舟一号完成了为天宫二号第二次推进剂在轨补加试验；完成了绕天宫二号的飞行试验；实施与天宫二号的分离和第二次交会对接试验。最后天舟一号与天宫二号再次分离，两飞行器各自在轨道上独立飞行将近 3 个月。

　　2017 年 8 月 1 日，天舟一号货运飞船成功地释放了"丝路一号"科学试验卫星 01 星。"丝路一号"01 星是一颗"立方星"。所谓立方

◁‖ "丝路一号" 01 星 ‖▷

星是一种采用国际通用标准的微小卫星。具有成本低、功能多、研制周期短、入轨快等特点。由于它的外形像一个立方体，故被称为"立方星"。立方星以"U"为单位来分级，1U 表示一个标准单元：体积为 10 立方厘米，质量约 1 千克。实用化的立方星技术曾被《科学》杂志评为 2014 年度十大科技进展之一。"丝路一号"01 星是一颗 3U 立方星，质量约 4.5 千克，设计轨道高度 400 千米，具备光学遥感对地观测能力。是"丝路微小卫星群对地观测系统"的首发星，担负着系统技术体制验证等任务，为"一带一路"建设提供服务。

2017 年 9 月 12 日，天舟一号和天宫二号进行第三次对接。这是一次自主快速交会对接。以前的交会对接要花一两天的时间，而这次自主快速交会对接只花了 6.5 小时。自主快速交会对接，需要超远程精确控制能力，就像在极短时间内把针尖对上麦芒。

2017 年 9 月 16 日，天舟一号与天宫二号顺利完成第三次推进剂在轨补加试验。9 月 17 日 16 时 15 分，经过近 5 个月的飞行后，天舟一号货运飞船按计划与天宫二号空间实验室分离，继续开展离轨前的拓展应用和相关试验。2017 年 9 月 22 日 18 时，天舟一号在完成预定任务后，离轨再入大气层。值得一提的是，这次是受控再入大气层。天舟一号经过两次制动，轨道高度不断下降，最后进入大气层烧毁，残骸陨落在南太平洋。

天舟一号坠毁后，天宫二号仍留在轨道上，一直处于休眠状态，每隔数月会进行一次小型发动机点火，以维持在轨道上。天宫二号已经超过了它的设计寿命，外界普遍关注天宫二号何时在何处坠落，会不会造成伤害。其实，这些担心都是多余的，即使天宫二号坠落，也是受控坠落。受控坠落是为了净化太空环境，不让太空飞行器的残骸留在轨道上，对其他航天器构成威胁；也不让它对地球上的人类造成伤害。

　　至此，中国载人航天工程的第二步——空间实验室，已经圆满完成。下一步将正式迈入中国空间站的时代。

天宫久驻 >>>

　　前面提及天空实验室与空间站是不同的。天宫一号只是简易天空实验室，天宫二号是天空实验室，但还不是真正意义上的空间站。"天""神"对接和"天舟"运货的成功，表明我国已经掌握建造空间站的关键技术，建造中国空间站指日可待。

　　中国空间站是我国自主建造的一个空间站系统，在低地轨道上在轨组装而成，可供三名航天员常驻，是 60 至 180 吨级的大型空间站。中国空间站轨道高度 400 ~ 450 千米，倾角 42° ~ 43°，设计寿命 10 年。它由核心舱、实验舱 I、实验舱 II、载人飞船（神舟号载人飞船）和货运飞船（天舟飞船）五个模块组成。核心舱上面有多个交会对接口，能实现与实验舱和多个飞行器同时对接。

　　中国空间站整体及各舱段的名称如下：空间站整体取名"天宫"，核心舱取名"天和"，实验舱 I 取名"问天"，实验舱 II 取名"巡天"。

　　依照我国命名规则，第一个中国空间站的试验核心舱取名为"天和一号"，它是一圆柱状舱段。全长约 18.1 米，最大直径约 4.2 米，发射质量 20 ~ 22 吨。核心舱圆柱形的大直径段是航天员工作和实验的地方，小直径段则是供航天员睡眠、休息的生活区。空间站核心舱有 3 个对接口和 2 个停泊口。停泊口用于与 2 个实验舱组装形成空间站组合体；对接口可供 2 艘载人飞船和 1 艘货运飞船对接。还有一个出舱口，可供航天员出舱活动。核心舱是空间站的主控舱段，将对整个空间站进行全面调控。

到 2019 年 4 月 3 日，"天和一号"试验核心舱初样的各项试验均已完成，将转入正样试制阶段。顾名思义，核心舱是空间站的核心，在轨道上组建空间站的过程中，第一个发射上天的当然是核心舱。核心舱入轨，在完成平台测试及其他相关任务的技术验证后，将与相继发射上天的实验舱 I 和实验舱 II 对接，组合形成空间站。

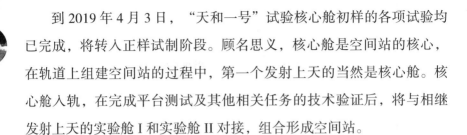

飞行方向

III象限

IV象限

II象限

I象限

转臂

后锥　气闸舱

工作舱

太阳翼

资源舱

实验验机械臂

实验载荷　飞行方向

III象限

IV象限

II象限

I象限

A区

B区　C区　D区　E区　F区

◁‖ 实验舱"问天" ‖▷

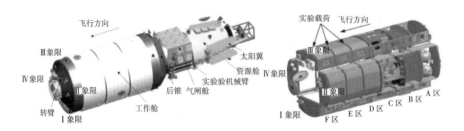

运载对接面

II

I（III）

IV

工作舱

多功能实验舱

资源舱

◁‖ 实验舱"梦天" ‖▷

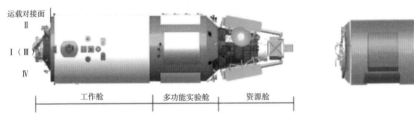

2 个实验舱大小基本相同，全长约为 14.4 米，最大直径约为 4.2 米，发射质量 20 ~ 22 吨。预计"问天"在 2022 年、"梦天"在 2023 年发射。2019 年 8 月 6 日，"梦天"实验舱 II 任务方案已经通过评审。

"问天"和"梦天"均具有独立飞行能力，它们的主要任务是进行空间应用科学实验。不过"问天"有操控空间站组合体的功能，而"梦天"只有进行空间应用科学实验任务的功能。除此之外，还有一个巡天号光学舱，它将单独升空，并与空间站在同一轨道运行。"巡天号光学舱"直径有 2 米，安装有一架能够巡天观测和对地观测的大视场

◀‖ 巡天号光学舱 ‖▶

空间天文望远镜。它可以观测到比美国"哈勃"太空望远镜遥远 300
倍的太空。巡天号光学舱预计在 2024 年发射。

中国空间站的总质量约 90 吨，其核心舱、实验舱的质量均超过了
20 吨，原有运载火箭都无力将它们运送上天，必须研制新型的运载火箭。
神舟载人航天飞船虽然都是由长征二号 F 发射；但其低轨道运载能力
只有 8.4 吨，能够运送神舟载人飞船上天，但是对于重量超过 20 吨的
空间站组件，它就无能为力了。为此我国新研发了"长征五号"系列
火箭（"胖五"），长五乙就是为发射空间站量身定制的。

空间站的核心舱和实验舱都是身宽体重的庞然大物，不要说把这
样又大又重的物件发射上天困难重重，就连把它运送到发射场也是颇
具挑战性的。

2009 年 9 月 14 日，新的航天发射中心在海南省文昌市龙楼镇破土
动工。2014 年 10 月，文昌航天发射场基本竣工。2016 年 6 月 25 日，
文昌航天发射场首次使用，发射第一枚长征七号运载火箭。

长征七号和长征五号同为新研制的第三代运载火箭，但与长征五
号的用途不同，长征七号是为满足发射货运飞船的需要而优先发展的
中型运载火箭。预计到 2021 年，各项技术趋于成熟稳定后，它将逐步

替代现有的长征二号、三号、四号等系列火箭。

文昌航天发射场也可用于发射重型"长征五号"以及正在研制中的其他系列运载火箭。2016年11月3日，长征五号于中国文昌航天发射场首飞成功。专门用于空间站舱段发射的长征五号乙运载火箭预计将在2020年实现首飞。

海南航天发射场建成使用后，主要承担地球同步轨道卫星、大质量极轨卫星、大吨位空间站和深空探测卫星等航天器的发射任务。酒泉卫星发射中心将继续承担返回式卫星、载人航天工程等发射任务；太原卫星发射中心仍主要承担太阳同步轨道卫星发射任务；西昌卫星发射中心将主要承担应急发射任务。

空间站或空间实验室从一开始就有国际合作的传统。如苏联（俄罗斯）的和平号空间站，曾有苏联（俄罗斯）、美国、英国、法国、德国、日本、叙利亚、保加利亚、阿富汗、奥地利、加拿大、斯洛伐克等12个国家的135名航天员在上面工作过。而后的国际空间站，则由16个国家参与建造、由美国国家航空航天局（NASA）、俄罗斯国家航天集团（Roscosmos）、欧洲航天局（ESA）、日本宇宙航空研究开发机构（JAXA）和加拿大空间局（CSA）等共同运营。不过空间站有的已经退出历史舞台。国际空间站虽然目前仍在使用，但由于经费短缺、航天飞机停运等诸多因素，到2024年也将停用。（有消息说可能延长到2028年）

2016年，联合国与中国载人航天工程办公室签署《利用中国空间站开展国际合作谅解备忘录》，商定利用中国空间站为各国提供科学实验机会，并在未来为他国航天员或专家提供在轨飞行机会。中国载人航天工程办公室和联合国外层空间事务办公室2019年6月12日在维也纳联合宣布，来自17个国家的9个项目从42项申请中脱颖而出，成为中国空间站科学实验首批入选项目。2022 年前后建成的中国空间站，可长期驻留 3 名航天员，交会对接时可达 6 人，在轨运营 10 年以上。

"天和"空间站是我国载人航天工程的第三步，它的建造标志着我国载人航天工程即将圆满结束。

五、嫦娥飞天

发射人造地球卫星、载人航天和深空探测是人类航天工程的三大步骤。中国空间站的构筑，将圆满结束我国航天工程的第二阶段；探月工程则开启了深空探测之门。与人造地球卫星、载人航天飞船不同，深空探测要完全脱离地球引力，进入太阳系或更远的宇宙空间进行探索活动。

月球是离地球最近的天体，世界各国都把它作为深空探测的第一站。1959年1月2日，苏联发射月球1号，原本计划用它来撞击月球，成为第一个月球访客。不料两天后它只是从距离月球表面近6 000千米处掠过了月球，进入了日心轨道，阴错阳差，成了一颗人造行星。这也可算是人类的第一次深空探测活动。以后在美、苏两超级大国展开的太空竞争中，不断把目标锁定月球，积累了不少的探月经验。

我国的航天事业起步较晚，1970年才发射了第一颗人造地球卫星，但我们已经取得了举世瞩目的成就，为人类的航天事业做出了巨大贡献，超过俄罗斯成为全球第二航天大国。

20世纪90年代初，有关载人航天工程的《863计划纲要》，就提出要开展月球探测工程的建议。1999制定了《中国开展月球探测的发展与长远战略规划》，三年多后提出了中国第一次探月的方案，并得到了批准。中国的月球探测计划分为三个阶段：无人月球探测、载人登月和建立月球基地。

2004年1月，探月工程正式立项，

◀‖ 中国月球探测计划的徽标 ‖▶

并把第一阶段"无人月球探测"命名为"嫦娥工程"。"嫦娥工程"又分成"绕""落""回"三个步骤。"绕"就是发射月球探测卫星、绕月飞行和进行遥测;"落"就是在月球表面实现软着陆,特别是要在月球背面软着陆,月球车在月面巡视勘察,探测月表;"回"就是从月球采取样品后,送回地球进行测试分析。

"绕"月飞行 》》

"绕"月飞行是嫦娥工程的第一步,嫦娥一号卫星是我国发射的第一个绕月飞行探测器。其外形与东方红三号卫星相似,是一个 2.22 米 ×1.72 米 ×2.2 米的六面体,总质量为 2 350 千克,在距月球表面 200 千米的轨道上运行,设计工作寿命为一年。

◀‖ 嫦娥一号外形 ‖▶

嫦娥一号卫星的主要任务是:获取月球表面的三维立体影像;分析月球表面有用元素的含量和物质的类型及其分布特点;探测月壤厚度、地球至月球的空间环境。为了执行这些任务,嫦娥一号搭载了 8 种共 24 台、总质量达 130 千克的科学探测仪器。

　　2007 年 10 月 24 日 18 时 05 分，嫦娥一号由长征三号甲运载火箭承载，在西昌卫星发射中心三号塔架点火发射。

上排从左到右依次为：CCD 立体相机、干涉成像光谱仪、微波探测仪，下排从左到右依次为 γ /X 线谱仪、太阳风低能离子探测器、太阳高能粒子探测器。

◁‖ 嫦娥一号上的科学探测仪器 ‖▷

　　起飞 1 473 秒后，嫦娥一号卫星与长征三号甲运载火箭成功分离，嫦娥一号进入近地点约 200 千米、远地点约 51 000 千米、运行周期为 16 小时的椭圆轨道，成为一颗地球卫星。10 月 25 日，把轨道近地点升至 600 千米。10 月 26 日下午再将嫦娥一号升至 24 小时轨道（即周期为 24 小时的轨道）。运行 3 圈后，嫦娥一号卫星进入 48 小时轨道。10 月 31 日，当卫星再一次抵达近地点时，主发动机又一次点火，在短短几分钟之内把速度提高到 10.9 千米 / 秒以上。卫星进入地月转移轨道，真正开始"奔月"。经过约 83 小时的飞行，11 月 5 日，到达距月球 200 千米处，经减速制动，嫦娥一号被月球俘获，从地月转移轨道进入 12 小时月球轨道。

　　月球捕获，是一个使人提心吊胆的时刻。此时嫦娥一号的自身火箭发动机点火，要使其速度迅速从地球第二宇宙速度（约为 11.2 千米 / 秒）降至小于月球的第二宇宙速度（约为 2.38 千米 / 秒），以使月球引力将它捕获。只有一次机会，时间又非常短，如果不能做到，嫦娥一号也将步苏联月球 1 号的后尘，掠过月球成为太阳系行星。

　　捕获后，嫦娥一号从地月转移轨道进入 12 小时月球轨道。11 月 6 日，嫦娥一号进行第二次近月制动，速度进一步降低，进入 3.5 小时轨道，并在这个轨道上运行 7 圈。1 天后进行第三次制动，进入 127 分钟月球轨道，这是一条距月球表面 200 千米的圆形极月轨道（轨道平面与月球赤道夹角 90°），是嫦娥一号环月飞行的工作轨道。

11 月 7 日，嫦娥一号进入环月工作轨道，随即开展各项在轨测试任务。11 月 18 日卫星转为对月定向姿态，11 月 20 日开始传回探测数据。经过处理，完成了第一幅月面图像的三维影像图。11 月 26 日，新华社向全世界发送了中国首次月球探测工程的第一幅月面图像。

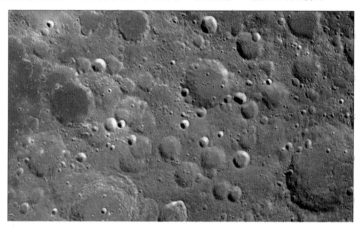

◀‖ 中国第一幅全月球影像图 ‖▶

拍摄月面图像也非易事。首先要调整 CCD 立体相机的姿态，并保持不变动，根据指令打开相机拍摄月面的前视、下视和后视照片，再由卫星上的数据处理系统进行存储、编码处理，传送到卫星信号发射机上，通过定向天线向地球发送。位于北京密云和云南昆明的两个地面大型数据接收天线负责接收，再传输给国家天文台北京总部，在那里进行数据处理和加工，最终得到现在所看到的图像。CCD 立体相机得到的是在一条条的卫星轨道上的探测图像，要由多条轨道图像拼接才能得到完整的照片。该影像图拍摄的区域是月球东经 83°至 57°、南纬 70°至 54°、宽约 280 千米、长约 460 的千米的月面区域。

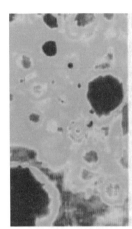

◀‖ 第一幅月面图像局部区域地形图 ‖▶

过去的月面照片大多是平面的，且高纬度地区照片效果较差。嫦娥一号用的是 CCD 立体相机，轨道是通过月球南北极的极月轨道，故能完成月球南北纬 70° 之间的全月面三维成像，并首次获取了月表极区的全部影像。2008 年 11 月 12 日，新华社公布了第一幅全月球影像，这幅图是根据挑选出来的 589 条轨道的图像数据、经过多种校正后镶嵌完成的，覆盖了月球西经 180° 到东经 180°、南北纬 90° 之间的全部范围，图像清晰，层次丰富，是世界上已公布的月球影像图中最完整的一幅影像。嫦娥一号"看"遍了月球的每一寸土地，为以后软着陆月球的选址提供了详细的数据。

受控撞月 》》》

经过整整一年的飞行和探测，嫦娥一号卫星共获得大量科学数据，圆满完成了各项科学探测任务。实现了多个中国航天史上的"第一"：第一次研制并成功发射绕月探测卫星；第一次实现了绕月飞行和科学探测；第一次形成了深空探测任务的总体设计思路和研制流程。

经过 494 天飞行、482 天环月飞行，超期服役近 200 天后，2009

年 3 月 1 日 15 时 36 分，嫦娥一号开始减速，执行它的最后一项使命——受控撞月。37 分钟后，嫦娥一号以 1.68 千米 / 秒的速度，精准地撞击在月球东经 52.36°、南纬 1.50° 的月面丰富海区域，壮烈地结束了它的使命。在撞击过程中，嫦娥一号卫星携带的 CCD 立体相机传回了实时图像，中国探月一期工程完美落幕。

受控撞月不同于自然坠落，也是一种探测月球的手段。在所有的撞月活动中，嫦娥一号质量最大，达 1.15 吨。通过撞击月球可以获得月面及月面以下物质的光谱，从而发现月球的成分。还可以据此来了解月球的起源乃至获得太阳系天体早期演化过程的线索。

2010 年 10 月 1 日 18 时 57 秒，运载嫦娥二号卫星的长征三号丙火箭在西昌卫星发射中心点火起飞，19 时 25 分 33 秒星箭分离，19 时 55 分宣布发射成功。与嫦娥一号不同的是，火箭直接把嫦娥二号送入地月转移轨道。10 月 2 日 12 时 25 分，嫦娥二号就进入了远地点高度约 38 万千米的奔月轨道，把奔月的时间从 12 天缩短至 5 天。2010 年 10 月 6 日 11 时 06 分 35 秒，嫦娥二号卫星关闭发动机。11 时 38 分，被月球捕获，进入周期为 12 小时的椭圆月球轨道。10 月 8 日 11 点 03 分成功完成了第二次近月制动，在近月点为 100 千米、远月点为 1 830 千米的轨道上运行，绕月周期 3.5 小时。10 月 27 日 21 时 45 分，从 100 千米的圆形工作轨道进入远月点 100 千米、近月点 15 千米的虹湾成像轨道。从 11 月 27 日开始，嫦娥二号卫星上的 TDI-CCD 相机对月球虹湾地区进行拍照。并进入长期管理阶段，进行一系列的科学探测任务。

嫦娥二号卫星原是备份星，用的是东方红三号卫星平台，故外形与嫦娥一号卫星基本相同。所谓备份星是指正星（嫦娥一号）工作失效时，用来接替的卫星。在嫦娥系列中，1 号、3 号、5 号都是正星，2 号、4 号、6 号星都是备份星。虽然嫦娥二号是备份星，但并不是正星的简单重复，在发射前经过了多种技术改进和设备更新，以至它的发射质量要比嫦娥一号多 130 千克。嫦娥二号所载的仪器设备虽与嫦娥一号的类型相同，但更为先进。如 CCD 立体相机是新设计的，它的图像分辨率从嫦娥一号的 120 米，提高到 10 米左右，在 15 千米轨道上甚至可以达到 1 米。经改进的激光高度计，把探测频度从嫦娥一号的每秒一个点，提高到每秒 5 个点，大大增加了探测的密度。X 线谱仪、γ 射线谱仪也都有改进，可以获得更精密的月球元素分布图。微波探测仪虽未改进，但嫦娥二号的轨道高度 100 千米，只有嫦娥一号的一半，所以同样可以获得更多的月壤和月岩信息。

在此轨道上，嫦娥二号完成了一系列工程与科学目标，获得了分辨率 10 米的月球表面三维影像、月球物质成分分布图等；还下降到 15 千米高度获取高分辨率虹湾地区影像图（虹湾是嫦娥三号预期进行软着陆的地方）。嫦娥二号拍摄的月球高清表面图等数据，将为嫦娥三号软着陆提供关键资料。当然嫦娥二号的任务不仅仅只是探测月球，它还具备观测地球上空气象、监视太阳粒子及太阳耀斑活动等能力，可以说是一个全能的探测卫星。

随着月球探测任务的圆满完成，2011 年 6 月 9 日，嫦娥二号卫星正式飞离月球，执行深空探测的拓展任务。它的第一个目的地是位于地球外侧约 150 万千米处的日地拉格朗日 L2 点。嫦娥二号是世界上首个从月球轨道出发，到日地达拉格朗日 L2 点的飞行器。2011 年 8 月 28 日成功到达该处，进行载荷科学试验等深空探测。这些拓展性试验，将为我国以后进一步开展深空探测任务提供数据，储备技术，积累经验。

2012 年 6 月 1 日，嫦娥二号飞离日地拉格朗日 L2 点，前往更远的太空，成为中国深空探测史上走得最远的探测器。2012 年 12 月 13 日，嫦娥二号与 4179 号小行星图塔蒂斯（"战神"）的轨道相遇，于是调整轨道与小行星 4179 的轨道相交叉，与小行星图塔蒂斯插肩而过时，连续拍摄了高分辨光学图像。由于嫦娥二号此时已属"退休返聘"，照片清晰度比以前的低，但这是中国第一次近距离拍摄的小行星的照片，对我国的小行星研究有着重大价值。

2014年，嫦娥二号卫星进入距离地球1亿千米的深空，并且一直还在不断刷新这一记录。嫦娥二号已经成为太阳系的一颗小行星，在绕日椭圆轨道上运行。

软"落"月面 >>>

嫦娥二号卫星"离月环日"，表明第一步"绕"月探测已经圆满结束，"落"月任务即将开始。

比起硬着陆来，软着陆难度要大得多。此工程包括地面应用系统、发射场系统、探测器系统、运载火箭系统和测控系统等5大系统，任务复杂，难度大。经过努力，"落"月正面的任务已由嫦娥三号探测器圆满实现；嫦娥四号探测器也已登上了以前人类未曾涉足的月球背面。

国外从硬着陆到软着陆经历多年，而我国，嫦娥一号发射不到半年，就已开始设计软着陆的嫦娥三号月球探测器。在嫦娥二号卫星发射之前，已经完成嫦娥三号探测器的设计。嫦娥二号卫星在离地球1亿千米的太空中翱翔时，嫦娥三号探测器就发射升空了。进展之快，令人惊叹！

2013年12月2日凌晨1时30分，嫦娥三号探测器由长征三号乙增强型运载火箭承载，在西昌卫星发射中心点火发射。

嫦娥三号探测器和嫦娥一号、二号卫星不同，它不仅仅是一颗绕月飞行的月球卫星，在月球轨道上进行各项有关测试，而且还要着陆月面，进行着地考察。嫦娥三号探测器由月球软着陆探测器（简称着陆器）和月面巡视探测器（简称巡视器）组成，要在月面执行探测任务，是一个名副其实的月球探测器。它的目标是在月球正面软着陆，进行月面巡视勘察，建立月球航天探测工程基本体系，为后继的月背探测提供经验。

2013 年 12 月 2 日，在中国西昌卫星发射中心由长征三号乙运载火箭直接把嫦娥三号探测器送入近地点高度 200 千米、远地点高度约 38 万千米的地月转移轨道。进入转移轨道后，火箭的第三级与嫦娥三号脱离。嫦娥三号在接近月球时，探测器主发动机点火减速，被月球引力捕获进入椭圆形绕月轨道。12 月 6 日，嫦娥三号经过 2 次减速、近月制动后，精确进入 100 千米高度的圆形绕月轨道，12 月 14 日 21 时左右在月球正面的雨海成功软着陆，开始开始"观天、察地、测月"的科学探测任务。

嫦娥三号探测器原定着陆地点是雨海西北部的虹湾。虹湾是嫦娥二号的重点观测地区，拍摄了不少分辨率达 1 ~ 1.5 米的高清立体影像图，目的就是为嫦娥三号探测器选择着陆点做准备。但嫦娥三号探测器的实际着陆点是在虹湾以东 250 千米（北纬 44.12°、西经 19.51°）处。雨海是 22 个月海之一，不过"月海不是海"，只是月球上比较低洼的平原而已。月海伸向月陆的部分被称作月湾和月沼，虹湾就是月球上的月湾之一。月球上共有 5 个月湾，其中的两个，虹湾和眉月湾，就在雨海地区。

月球上没有大气，降落伞不起作用，必须使用变推力发动机来降速。要在短短的几百秒时间内从近似月球第一宇宙速度的高速降到 0 是很难实现的。装在嫦娥一号、二号卫星上的 490N 发动机不是变推力发动机，而且最大推力也只有 490 牛顿，根本无法满足此要求。因此专门设计了国内最大的 7 500 牛顿变推力发动机。新研发的着陆探测器是智能型的，在向预定地点降落时，可以根据月面的具体情况，自主选择着陆点。

着陆开始，变推力发动机点火减速，进入远月点 100 千米、近月点 15 千米的椭圆形轨道。当到达 15 千米近月点时，变推力发动机开始长时间减速，在离月面 100 米处，探测器会像直升机一样悬停在空中，根据着陆器下面的相机拍摄的图像，了解月面具体情况，从而决定降落与否。如果月面上有巨石或大坑，它就会自动平移，避开这些障碍。直到发现适合着陆的平坦处，才会采用悬停式垂直下降，实现软着陆。这种技术是我国首创。着陆器最终选择在预定着陆点以东 250 千米处实现软着陆。

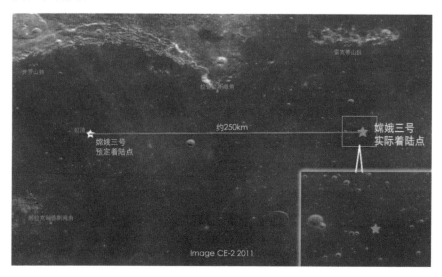

◀▮ 嫦娥三号着陆点 ▮▶

2 月 14 日嫦娥三号探测器在月面软着陆，我国的无人探测器第一次登上地球以外的天体，使我国成为世界上第三个掌握落月探测技术的国家。12 月 15 日 4 时 35 分，着陆器与巡视器成功分离。16 日，中国正式对外宣布嫦娥三号月面软着陆任务圆满成功。2016 年国际天文学联合会批准将嫦娥三号探测器着陆点周边区域命名为"广寒宫"，附近三个撞击坑分别命名为"紫微""天市""太微"。

2013 年 9 月，早在嫦娥三号运抵西昌卫星发射场时，我国为嫦娥三号月面巡视探测器（月球车）发起全球征名活动。在 300 多万张评选票中，"玉兔"一名因得票最多而被选中。2013年11月26日，正式宣布月球车取名"玉兔号"。

玉兔号月面巡视车的外表看起来颇像一辆长1.5米、宽1米、高1.1米的长方形6轮手推车。嫦娥三号着陆器与玉兔号月球车刚分离时的3D模拟图中，左边4条腿的是着陆器、右边是刚通过着陆器导轨驶上月面的玉兔号月球车。

◁‖ 着陆器和玉兔号月球车分离时的3D模拟图 ‖▷

12月15日4时35分，着陆器与玉兔号月球车分离。玉兔号月球车从着陆器顶部通过导轨缓缓驶向月面。抵达月面的玉兔号月球车打开太阳翼，成为一辆6轮驱动、4轮转向的月面行驶车。它具有前进、后退、原地转向、行进间转向、爬坡20°、越障20厘米等能力。车上载有全景相机、测月雷达、X线谱仪和红外光谱仪等探测设备，总质量不到140千克，十分轻巧。打开的两片太阳翼为月球车提供动力和为仪器设备供电。车上还安装了一组锂电池和放射性热源，以保障月夜时的能源供应。

月球上的昼夜很长，一个月昼或月夜均有14个地球日那么长。月夜期间，没有太阳照射，月面温度降到零下180℃（有些地区可达零下200℃）；月昼时，强烈的太阳光照射（没有大气阻挡）可使月表温度高达150℃。着陆器和月球车外穿黄金甲就是为了应对强烈日光的照射，避免昼夜温差过大，另外也可阻挡宇宙中各种高能粒子的辐射，保护车内的"宝贝"。每当月夜降临，着陆器和月球车都必须休眠，"盖上被子"（收拢太阳翼等物覆盖车身）避免低温，保护"宝贝"。当月昼来临，它们会被唤醒或自主唤醒。按照地球时间来说，它们实行的是14天工作、14天休眠的工作制。

◁‖ 嫦娥三号着陆器和月球车互拍照片 ‖▷

12月15日23时45分（月昼，地球是晚间），玉兔号完成了围绕嫦娥三号着陆器的行驶和拍照，并向地面传回照片。从照片上可以看到，月面上布满了大大小小的石块。在玉兔号月球车的轮子下面，可以清晰看到它行进和原地打转的车辙。

开始，玉兔号在月面的活动一切顺利，行动自由，操作正常。不料，第二个月昼期间出现了意外，行进中玉兔号月球车被月面石块磕伤，月球车的机构控制出现异常，车不能行走了。2014年1月25日玉兔号月球车"带伤"进入了第二个月夜的休眠状态。2月10日虹湾地区月夜结束，大家祈求"玉兔"能够顺利苏醒。但未能如愿，对它的第一次唤醒失败了，科研人员采取各种措施也未能唤醒月兔。正当大家都在担心"玉兔"会不会就此结束使命之际，峰回路转，13日早晨传来了好消息，"玉兔"醒了。"玉兔"只是机构控制有故障，其他功能未受影响，仍能继续执行各项任务。这与它的先进设计有关，即使遇到意外仍能继续工作。2014年4月玉兔号的设计寿命已满，但它仍超期工作。在玉兔号月球车拍摄的照片拼接而成的全景图中，可以看到玉兔号的低频测月雷达天线（白色直线）和车辙，左上角是停驻在远处的着陆器。

◁‖ 玉兔号月球车拍摄的嫦娥三号落月区全景图 ‖▷

2016年7月31日晚，玉兔号月球车停止了工作。玉兔号的设计寿命是3个月，它一共在月球上工作了972天，大大超出了设计要求。玉兔号月球车在月球表面留下了中国第一个车辙，意义十分深远。玉兔号月球车在月工作期间通过各种先进设备完成了对月表的三维光学成像、红外光谱分析等工作，出色地完成了对月壤厚度和结构的科学探测、对月表物质主要元素的现场分析等预定任务。

"玉兔"在月面活动的同时，留驻在着陆点原地的嫦娥三号着陆器也未闲着，它有自己的任务。着陆器上除了装有降落相机和地形地貌相机外，还有月基望远镜和极紫外相机。月基望远镜是一台天文光学望远镜，它就像嫦娥三号的一双眼睛。由于月球没有大气层，当它"抬头望故乡"时，没有云层会来阻挡它。在巡天观测时，由于月夜时间长，可以凝视同一目标长达300多小时，可以获得更多的细节变化。利用月基光学望远镜，对月球北极上方区域的天体进行了一次天文大普查。大气层对紫光和紫外辐射吸收能力极强（这是地球天空呈蓝色的原因之一），月球上没有大气，极紫外相机就大有用武之地了。用它进行了人类历史上第一次、在地球上无法进行的紫外波段的"巡天"普查，所得结果可供天文学家与其他波段照片进行对比研究。

嫦娥三号探测器，包括着陆器和玉兔号月球车，取得了多个"第一次"的成就：完成了首幅月球地质剖面图，完成首次从月球上观测天体，首次进行了天体普查，首次证实了月球没有水，首次获得地球等离子体层图像等等。嫦娥三号探测器是世界上最复杂的无人月球探测器，创造了全世界在月工作最长纪录后，于2016年8月4日正式退役。2017年1月9日，嫦娥三号工程获国家科学技术进步奖一等奖。

嫦娥三号着陆月面时，人类在月球正面已经有过20个着陆器。但月球背面仍保持零的纪录，中国探月工程的下一目标就是月球背面，这是嫦娥四号的使命。

嫦娥四号 >>

嫦娥三号探测器实现了月面软着陆的目标，"落"月任务已经完成，似乎应该实施下一步"回"了。当时确实有此想法，不再使用嫦娥三号的备份星嫦娥四号，直接发送嫦娥五号，实现"回"的目标。但是，只在月球正面软着陆，还有欠缺，因为毕竟将近50年前，在月球正面就有探测器软着陆了。而要在月背实现软着陆困难重重，首先是如何实现着陆月背的探测器与地面的通信联系。月背与地面之间隔开了整整一个月球，无线电波无法穿越。要想看到月背，就必须在既能看到地面又能看到月背之处，放上一面反射镜，就像在道路拐角处放置凸面反射镜那样。这给了设计人员启迪，发射一颗通信中继卫星不就得了！于是"鹊桥"应运而生。

鹊桥中继　发射通信中继卫星说来容易，做起来就不那么简单了。这颗卫星在什么地方运行？怎么能像地球静止卫星那样挂太空中？数学家在二个半世纪前，就为我们找到了这样的地方：5 个拉格朗日点 L1、L2、L3、L4 和 L5。拉格朗日点又称平动点，也就是引力平衡点。附近两个天体的引力在这些点上刚好相抵消。物体位于这些点上，则消耗很少燃料即可长期驻留。在地月系的 5 个拉格朗日点中，L2 点位于地月连线上、月球外侧约 6.5 万千米处，始终面对着月背。如果一个物体在 L2 点处运行，则它就既能见到月背、又能看到地球。据估计，一颗质量 400 千克的中继星发射至月地 L2 点处，每年大概只要消耗几千克燃料就能维持运行了。

　　在地面与月背之间建立起通信链路，是嫦娥四号探测器着陆月背的前提条件，通信中继卫星必须先于嫦娥四号被发射到地月 L2 点的轨道上去。2018 年 4 月 24 日，在黑龙江哈尔滨市举行的第三个"中国航天日"上，这颗中继通信卫星被命名为"鹊桥"。与"神舟""天宫""嫦娥""玉兔"等名字一样，既符合航天器的性能特点，又体现我国特有的神话浪漫色彩。

　　"鹊桥"是我国首颗、也是全球首颗地球轨道外的专用中继通信卫星。作为数据中转站，它能够实时把在月球背面着陆的嫦娥四号探

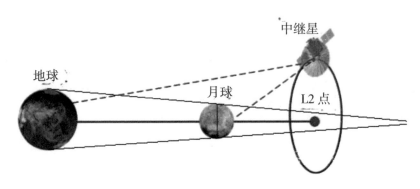

◀|| 中继星运行轨道示意图 ||▶

測器发出的数据传回地球，具有重大的科学与工程意义。美国曾询问我国能否把"鹊桥"中继星多留两年，以便他们日后去月背时也能使用，由此可见"鹊桥"的重要性。

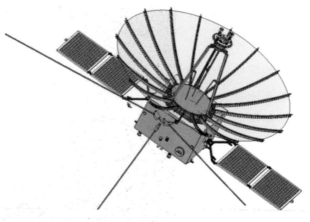

◁‖ 鹊桥中继卫星模型图 ‖▷

2018年5月21日，长征四号丙运载火箭在西昌卫星发射中心将"鹊桥"中继星成功发射升空。火箭飞行25分钟后，星箭分离，将"鹊桥"中继星直接送入近地点高度200千米、远地点高度40万千米的预定地月转移轨道。卫星的太阳翼和中继通信天线正常展开后，"鹊桥"经过中途修正、近月制动，再借助月球引力，进入月球至地月系L2点的转移轨道。通过三次捕获控制和修正，6月14日11时06分，鹊桥中继星最终进入地月L2点的轨道，成为世界首颗在此轨道上运行的卫星。"鹊桥"中继星的成功入轨再次证明了中国太空探索的坚强实力。

"鹊桥"中继星装有伞状抛物面天线、测控天线和数传天线等三类低频射电天线，在地球、月球和卫星之间建立了三条通信传输链路：对月前向链路、对月反向链路和对地数传链路。伞状抛物面天线展开直径达4.2米，是人类深空探测历史上口径最大的通信天线，它将直接指向月球，朝向嫦娥四号探测器。它能将地面的测控指令及时传给探测器，也能把探测器得到的各种数据实时传输给地面基站。

与"鹊桥"中继星共乘一箭、同时升空的还有哈尔滨工业大学试制的两颗微卫星，龙江一号和龙江二号。它们在经过月球时，进入绕月轨道成为月球卫星。它们将为尚未发射的嫦娥四号探测器观测月背的情况；嫦娥四号探测器发射后，它们还将把更多数据传回地面基站。2019年2月3日，龙江二号传回月球背面全

◀‖ 龙江二号拍摄的地月同框图 ‖▶

景照片，地球也被摄入照片，成了一幅珍贵的地月（背）同框图。

"鹊桥"中继星解除了月背探测的通信之忧后，万事俱备，嫦娥四号探测器只待发射了。

着"落"月背 嫦娥四号探测器，原是嫦娥三号的备份星。它由着陆器与巡视器两部分组成。其主要任务是着陆和巡视月球背面，继续更深层次、更加全面地获取月球地质、资源等方面的信息，进一步完善月球的资料库。

2018年12月8日凌晨2时23分，嫦娥四号探测器在西昌卫星发射中心由长征三号乙运载火箭成功发射升空。嫦娥四号探测器首先进入地月转移轨道，只经一次轨道修正，经过约110小时奔月飞行，2018年12月12日到达月球附近。在距离月面129千米处，7500牛顿变推力发动机点火，356秒后发动机关机，顺利完成近月制动，进入近月点高度100千米、远月点高度400千米的环月椭圆轨道。2018年12月30日8时54分，嫦娥四号探测器的7500牛顿变推力发动机再次点火，实施变轨。2分钟后，嫦娥四号探测器已由100千米的环月轨道成功降轨，进入近月点高度约15千米、远月点高度约100千米的着陆准

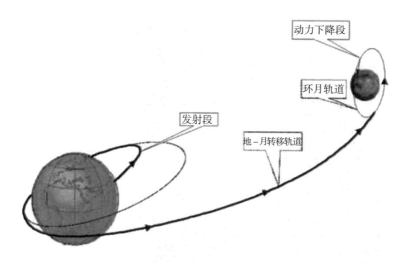

◀‖ 嫦娥四号探测器奔月轨道示意图 ‖▶

备轨道。

　　2019 年 1 月 3 日早上，嫦娥四号探测器从距月面 15 千米处开始下降，速度从 1.7 千米 / 秒逐步减小。距离月面 100 米时开始悬停，在不到 30 秒的时间内，用自身的三维降落相机对着陆区进行识别、避障等检测，终于在这片怪石嶙峋的地面上选出了一块适合着陆的平坦区域，在反推发动机和着陆缓冲机构的保护下开始垂直下降。

◀‖ 嫦娥四号垂直下降示意图 ‖▶

◀‖嫦娥四号探测器着陆点：月背南极－艾肯特盆地冯·卡门撞击坑‖▶

10时26分，一吨多重的嫦娥四号探测器，在月球背面南极－艾特肯盆地冯·卡门撞击坑的预选着陆区（月球东经177.6°、南纬45.5°）成功登上月面，实现人类探测器首次在月球背面的软着陆。说来也巧，这次月背软着陆，在时间上，恰逢人类第一次探测月球的60周年，第一次把足迹留在月球上的50周年；在地点上，恰巧是在以钱学森导师冯·卡门名字命名的撞击坑内。

月球正面可供着陆的平坦区域多，在全部22个月海中有19个在月球正面，月球背面只有3个。月海是月球表面的低洼之地，相对平坦一些。月球背面则是遍布坑坑洼洼、怪石嶙峋的撞击坑。所以嫦娥四号探测器预选的着陆区只有嫦娥三号的5%那么大，可供探测器智能着陆选择的范围有限。在着陆时间的挑选上，月球背面也不如月球正面那么方便，由于地面看不到月背，不能直接通信联系，必须通过鹊桥中继星来进行；加上只有当月背着陆区域处于月昼期间的某些时段才适宜降落，所以嫦娥四号探测器必须在某些"窗口期"才能着陆。这就是为什么嫦娥三号探测器在发射后12天就实现软着陆，而嫦娥四号探测器则在发射26天后才软着陆的原因之一。2019年新年左右，正值月昼，但未到190℃高温的月午时分，刚好是那样的一个"窗口期"。

嫦娥四号任务的有效载荷中有荷兰研制的、能够"聆听"遥远宇宙声音的低频射电探测仪,德国研制的、能够"勘探"深埋于月球内部"矿藏"的月表中子与辐射剂量探测仪,还有瑞典研制的、能够测量太阳风粒子在月表所起作用的中性原子探测仪,以及沙特阿拉伯研制的月球小型光学成像探测仪(光学相机)等等。所有这些与我国有合作关系的外国航天机构及其标志都被印到了发射嫦娥四号探测器的运载火箭整流罩上。

美国航天局不在这些机构之列,但他们也提出要求,如将"鹊桥"中继星的服役期延长2年,请我们事先提供嫦娥四号的具体着陆的时间和地点,以便他们进行观测,我国大度地答应了他们的这些要求。2019年1月18日,美国航天局预告,将利用"月球勘测轨道器"对嫦娥四号着陆点进行成像。并表示,中美两国的航天机构还达成协议,合作产生的任何重要发现都将于2019年2月在维也纳召开的联合国和平利用外层空间委员会的会议上分享。美国航天局强调说,与中国的合作"透明、互惠、互利",符合美国政府和国会的规定。并表示

◁◁长征三号乙运载火箭整流罩上的各航天机构的徽标▷▷

美国计划重回月球,与国际伙伴持续展开合作至关重要。美国航天局2月7日发布了中国嫦娥四号着陆点的成像图片。并说,1月30日,"月球勘测轨道飞行器"由东侧接近撞击坑,向西转动了70°,从

而拍摄到了这一图片。但由于飞行器距离嫦娥四号着陆点东侧约330千米，因此拍摄到的嫦娥四号只有约两个像素大，而月球车（"玉兔二号"巡视器）根本看不见。

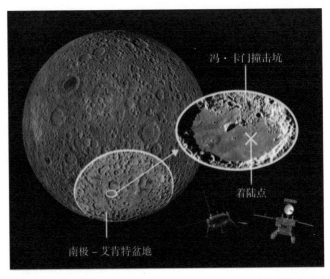

冯·卡门撞击坑

着陆点

南极－艾肯特盆地

◁‖ 美"月球勘测轨道器"拍摄的嫦娥四号探测器月背着陆点 ‖▷

月面探测　嫦娥四号探测器成功软着陆后1个多小时后就获得了第一张月球背面的图像，并通过"鹊桥"中继星传回了地球。22时22分，嫦娥四号着陆器和巡视器成功分离。嫦娥四号任务巡视器被正式命名为"玉兔二号"月球车。

两器分离后，"玉兔二号"月球车驶上月球表面开

◁‖ "玉兔二号"驶上月面和它身后的车辙 ‖▷

始巡视探测，并在月表留下了第一道车辙。与此同时，着陆器和月球车上的有效载荷相继开机，开始月面科学探测。

"玉兔二号"月球车驶上月面后，根据导航相机获得的着陆点周围地形信息，自主确定行进路线行驶。2019 年 1 月 11 日，月球车上的全景相机（PCAM）和着陆器上的地形地貌相机（TCAM）相互拍摄了对方的图像，通过鹊桥中继星将这些图像传回地面基站，经过数据处理，16 时 47 分在地面上看到了着陆器和"玉兔二号"月球车的互拍影像图。嫦娥四号软着陆任务至此圆满结束。为了纪念这次月背着陆成功，2019 年 2 月 4 日，国际天文学联合会把嫦娥四号着陆点所在冯·卡门坑内的中央峰命名为"泰山"。

南极 – 艾特肯盆地是月球上最大、最深的环形山，也是太阳系内已知的最大环形山，直径约 2 240 千米，深约 13 千米。这个盆地的边缘在地球上也看得到。冯·卡门撞击坑位于艾特肯盆地中部，是整个太阳系中最古老的撞击坑，年龄约为 36 亿年。那里保存了原始月壳的岩石，具有极高的科学研究价值。冯·卡门撞击坑由于被后来喷发的玄武岩所填充，表面较平，适合航天器降落。冯·卡门撞击坑附近的地形、地貌和地质特点，也有利于嫦娥四号科研任务的进行，所以成为嫦娥四号着陆的首选地点。

嫦娥四号对撞击坑下方的结构进行雷达探测等科学研究，有助于了解月球背面地质组成、艾特肯盆地整体结构、月壤成分演化等，并为这些地貌特点提供解释。嫦娥四号同时还将结合撞击坑规模、月球深层壤厚度等数据，给出着陆区地层剖面图，这些研究将为以后建立月球科研站提供有用的数据和参数。另外，由于月背不会受到地球电磁信号的"干扰"，那里是建立月球科研站的理想位置，也是进行日、地、月空间环境监测以及月基射电天文观测的绝佳场所。

由于月背不受地球电磁辐射的污染，把月基望远镜改为低频射电

◀‖ 嫦娥四号携带的同位素核电池外形 ‖▶

频谱仪，就能填补射电天文领域在低频观测段上的空白。这对恒星起源和星云演化的研究意义重大。着陆器携带的红外成像光谱仪在 1 月 3 日着陆当天，就取得了着陆区内两个探测点的高质量光谱数据。经过对传回地面的光谱数据的分析，发现了着陆区月壤物质中橄榄石相对含量最高，低钙辉石次之，仅含有很少量高钙辉石。这是科学家第一次知道了月幔深部物质的组合成分，对于加深人类对月球形成与演化的认识有重大意义。2019 年 5 月，国际著名学术刊物《自然》在线发布了中国科学家的这一重大发现。

"玉兔二号"月球车，除了可以由展开的太阳翼利用太阳能供电外，还携带一枚二氧化钚同位素核电池。利用钚衰变时释放出的能量，来为玉兔二号供热、供电。

嫦娥四号还带有一个虽为科普试验，但意义重大的项目——"月面微型生态圈"，目的是在月球表面实现动植物的一个生命周期。"月面微型生态圈"是一个由特殊铝合金材料制成的圆柱形"罐子"，高 18 厘米，直径 16 厘米，净容积约 0.8 升，总质量 3 千克。

这个与我们家中奶粉罐差不多大的小"罐子"可不简单，里面装有植物种子、蚕卵、土壤、水、空气，还有照相机和信息传输系统等科研设备。其内部保持适当的温度和湿度，由中心的光导管引进月球

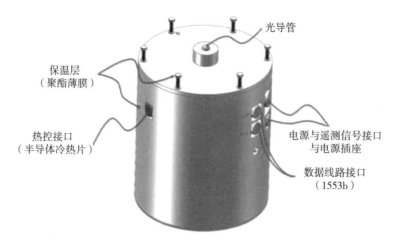

光导管

保温层
（聚酯薄膜）

热控接口
（半导体冷热片）

电源与遥测信号接口
与电源插座

数据线路接口
（1553b）

◁‖ "月面微型生态圈"示意图 ‖▷

表面的自然光线，为生物创造一个可以生长的生态环境。植物种子生根发芽，幼苗成长到开花结果，其光合作用为虫卵孵化、幼虫生长发育提供氧气。蚕吸入氧气，排出二氧化碳和粪便，又为植物提供养料。如此循环往复，就形成了一个"月面微型生态圈"。嫦娥四号1月15日发布了最新试验照片，显示搭载的种子在经历了月球低重力、强辐射、高温差等严峻环境考验后，已经长出了嫩芽，这标志着嫦娥四号在月面完成了首次生物实验。

到2019年7月9日，嫦娥四号着陆器和玉兔二号月球车，已经在月背度过了7昼6夜，玉兔号月球车已在月背表面行驶了200多米，和着陆器一起完成了多项预定的工程和科研任务。

由于月球昼夜温差巨大，嫦娥四号与"嫦娥三号"一样要休眠。不但月夜要"睡觉"，在月午太阳当顶时还要"午休"片刻。月球上的这一"片刻"，在地球上就是好几天。2019年1月5日，"玉兔二号"所在的地点开始进入"中午"，为了避免高温，保护携带的有效载荷，巡视器进入"午休"模式，收拢太阳翼将自己包裹起来。等到1月10日，"玉兔二号"才从午睡中醒来。这就是3日着陆后，要等到11日

才开始两器互拍的原因。2019 年 1 月 14 日，第一个月夜来临，嫦娥四号和"玉兔二号"巡视器陆续进入休眠状态。1 月 29 日 20 时，"玉兔二号"自主唤醒了自己。1 月 30 日 20 时 39 分，嫦娥四号着陆器受到太阳光照射才自主醒来。之后嫦娥四号着陆器和"玉兔二号"月球车在月球背面"日出而作，日入而息"，度过了一个又一个的月昼、月夜。在第七个月昼中，嫦娥四号着陆器的科学载荷——月球中子及辐射剂量探测仪、低频射电谱仪按计划开机工作，进行科学探测。7 月 9 日 9 时第 7 个月夜来临，着陆器进入月夜休眠状态，10 分钟后"玉兔二号"月球车也进入梦乡。双双睡到 7 月 23 日才醒来。

"小妹"待发 >>>

中国探月工程"绕、落、回"计划中，前两步已经完成，就剩下"回"这一步了。"回"就是从月球采取样品后返回地球。即将发射的嫦娥五号探测器，计划要从月球采集 2 千克的月壤样品，然后携带样品返回地球。以前探月的各嫦娥系列探测器，均是"一去不复返"的单程航天器。神舟载人飞船，虽然是双程的航天器，但只是从几百千米高的近地轨道上返回，速度也只有第一宇宙速度——7.9 千米 / 秒。嫦娥五号探测器返回地球，是从距离地球 38 万千米远的月球返回，返回的速度达到第二宇宙速度——11.2 千米 / 秒。从这么远的距离、以如此高的速度返回地面，有一系列的技术难题需要解决。

"舞娣"探路 >>>

"大姐月球已涅槃，二姐天际成新仙；三姐蟾宫守玉兔，五妹出嫁待他年。心忧小妹旅途安，表姐舞娣勇为先；待到草原遍地黄，侠女月地走往返。" 这是在嫦娥三号任务圆满完成后，嫦娥一号卫星系统总指挥兼总设计师、中科院院士叶培建所写的一首诗。诗中用拟人化的手法把嫦娥一号、二号、三号比作了姐妹三人：嫦娥一号卫星受控撞月，静卧月面丰富海，可称"涅槃"；嫦娥二号卫星正在环日轨道上运行，加入了"太白""荧惑"等的行列，成了"新仙"；嫦娥三号着陆器正在雨海陪伴"玉兔"。要去"月地走往返"的小妹——嫦娥五号探测器整装待发，地面研发人员"心忧"小妹在月、地间长途跋涉的安危，派出"表姐"先去探探路。那么"表姐舞娣"是谁？

"表姐"是一颗为嫦娥五号探测器先行探路的卫星，正式名称为"嫦娥五号再入返回飞行试验器"，简称"嫦娥五号 T1 试验器"。她还有一个亲切的昵称——"舞娣"。发射嫦娥五号 T1 试验器的主要目的，是为嫦娥五号探测器积累数据和经验，特别是"返"程中的各种数据。既然她的主要任务只是"潇洒走一回"、探探路，故其结构可以略为简单、轻便些。嫦娥五号 T1 试验器只需绕月、返地，只需服务舱和返回器两部分，轨道舱可以省去。服务舱是以嫦娥二号卫星平台为基础，经过适应性改进打造的。外形为一规则立方体，长、阔、高均为 1.25 米。返回器采用神舟飞船返回舱的外形，但其大小只有神舟飞船的 1/8，总质量只有 300 千克多一点，真可算是一个"身态轻盈、长袖善舞"的"舞

◁‖ 嫦娥五号 T1 试验器 ‖▷

娣"了。不过不要小看这个娇小灵巧的"舞娣",她体内装有各种灵敏的电子探测设备,就连以后承担探月三期正式任务的主角——嫦娥五号的返回器,形态也基本与她一致。

按照计划,2014年10月24日2时,"舞娣"由长征三号丙改二型运载火箭在西昌卫星发射中心发射升天。将近19分钟,器、箭分离,"舞娣"进入近地点高度为209千米、远地点高度为41.3万千米的地月转移轨道。经过两次中途轨道修正后,10月27日11时30分许,飞抵距月球6万千米处,进入月球引力影响球,开始在月球近旁转向飞行。10月28日凌晨3时许,到达距月面约1.2万千米的近月点,"舞娣"启动多台相机对月球、地球进行多次拍摄,获取了清晰的地球、月球和地月合影图像和"小妹"着陆地点的地形图。

"舞娣"升空4天18小时,在月球轨道运行约1天8小时,完成多项预定任务后,于2014年10月19时40分,脱离月球引力影响,

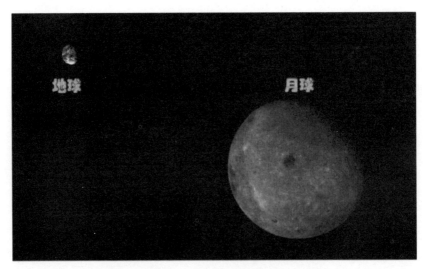

◀‖ 嫦娥五号 T1 试验器拍摄的地－月同框图 ‖▶

转向进入月地转移轨道,开始了整个行程中最艰巨的返程阶段。飞往月球的旅程已有三位姐姐的亲身经历,"舞娣"可谓驾轻就熟,没有

悬念。从月球飞返地球，虽然路陌生疏，但尚无大碍。只是重返大气层困难重重。虽说有神舟载人飞船返回的成功经验，但"神舟"只是从距地面几百千米的近地轨道、以7.9米/秒的第一宇宙速度重返大气层，现在是从36万千米的月球近旁、以10.8千米/秒的高速飞返，难度显然不能同日而语。

嫦娥五号T1试验器预定2014年11月1日返回地面。清晨5时53分，T1试验器的服务舱与返回器分离。此时T1试验器正位于南大西洋上空，距离地面约5 000千米。分离后返回器进入自由飞行状态，此时到了整个航程中最关键、最惊心动魄的再入返回时段。6时10分，返回器距离地面120千米，2分钟后进入再入飞行状态。初次再入持续3分钟，飞行速度从分离时的8.4千米/秒逐渐加速到接近第二宇宙速度（11.2千米/秒），进入距离地面约100千米的大气层，第一次进入黑障区。因为大气稠密，返回器像打水漂一样被向上反弹出大气层，速度降低。反弹到最高点，再次自由下落。6时22分，返回器在中国青海上空第二次进入再入飞行状态，4分钟后，穿过黑障区。6时32分在中国内蒙古上空距地面约10千米时，返回器打开弹伞舱的舱盖。10多秒后，弹出减速伞，巨大的主减速伞张开。6时41分返回器在四子王旗预定着陆点附近安全着陆，5分钟后被搜索队找到。返回器在整个再入过程中共飞行了约2万千米。返回器当天下午就被运抵北京，"舞娣"探路圆满结束。返回器在再入过程中的弹跳，像是一个舞者在跳舞，所以嫦娥五号T1试验器有了"舞娣"这个昵称。半弹道跳跃式这种再入方式，苏联和美国都是经过几次试验失败后才得以成功，而我国的嫦娥五号T1返回器则是一次试验成功。

按照"绕、落、回"三步走的本意，嫦娥三号的成功，就意味"绕月"和"落月"的结束。迈出第三步"回"的是"小妹"嫦娥五号，而不是"四姐"嫦娥四号。嫦娥四号任务应属于探月后期任务——月球背面着陆

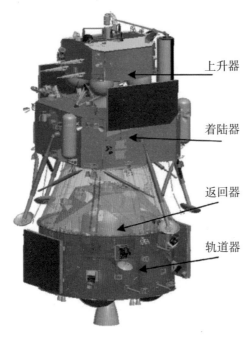

上升器

着陆器

返回器

轨道器

◁‖ "嫦娥五号"结构示意图 ‖▷

巡视、月面二次采样返回、月球南极着陆探测、月球北极着陆中的一步，也是下一步深空探测——探测火星的前奏。

嫦娥五号月球探测器要"软着陆在月球上，随后取样返回"。所以不能沿用以往的探测器平台，需要研发"全新的月球探测器"。新设计的嫦娥五号探测器将由轨道器、返回器、着陆器、上升器等四个部分组成。

嫦娥五号比嫦娥三号多了两个舱，总质量达 8.2 吨，所有不能像以前的嫦娥探测器那样，由长征三号运载火箭发射。长征三号系列火箭虽然是我国主力高轨运载火箭，但它最大的地球同步转移轨道运载能力只有 5.4 吨，不能承担总质量 8.2 吨的嫦娥五号探测器的发射任务，所以需要"全新的运载火箭"。而为嫦娥五号探测器发射试制的新一代火箭长征五号，标准地球同步转移轨道运载能力 13 吨。不过长征五号真正是名副其实的"胖五"，很难经陆路运输，只能海运。西昌卫星发射中心并不在海边，故必须建造"全新的航天发射场"。"全新的月球探测器""全新的运载火箭""全新的航天发射场"是嫦娥五号任务中的 3 个"全新"。除了 3 个"全新"外，嫦娥五号任务还有 4 个"首次"："首次从月面起飞"，"首次在月球表面自动采样"，"首次在 38 万千米外的月球轨道上进行无人交会对接"，"首次带着月壤以接近第二宇宙速度返回地球"。

嫦娥五号任务在运载发射、地月转移、近月制动、环月飞行、月面下降、月面采样、月面上升、交会对接、环月等待、月地转移、轨道分离、再入回收等 12 个环节上，都需要创新和突破。在 2019 年 7 月 5 日举办的"2019 软件定义卫星高峰论坛"上，中国科学院院士、中国探月工程首任首席科学家欧阳自远在指出"智能引领航天是未来发展的必然"的同时，也指出了"嫦娥五号任务核心技术和其他难题均已攻克，可以安全升空"。

全新的航天发射场——海南文昌航天发射中心，于 2009 年 9 月 14 日破土动工，2014 年基本竣工。文昌航天发射中心的第一次启用，是 2016 年 6 月 25 日首次发射长征七号运载火箭。文昌航天发射中心除了滨海可以提供海运的有利条件外，还因为它所在位置的纬度是 19°37′ 比西昌发射中心低将近 10°。纬度低，地球自转的线速度大，能使火箭的运载能力提高。文昌航天发射中心发射的飞行器，要比西昌卫星发射中心发射的同等飞行器的推力提高 10% 左右。而且文昌航天发射中心的东面是开阔的海域，海上测控方便，而且即使发生意外，也不会对地面造成伤害。

嫦娥五号探测器的起飞工具有了，发射场地也有了，只待出征。那么它在月面的目的地又在哪里呢？现已确定，嫦娥五号探测器将在月球吕姆克山脉着陆。吕姆克山脉位于月球北纬 40.8°、西经 58.1°，以德国天文学家卡尔·吕姆克的名字命名。它是一座孤立的火山，形如一个大土丘，底部直径 70 千米，最高点的相对高度约 1.1 千米，位于风暴洋的北部、嫦娥三号着陆点雨海的西侧。风暴洋是所有月海中最大的，所以是唯一的一个被称作"洋"的月海。风暴洋地质资源丰富，国外已有数个飞行器在那里软着陆。

嫦娥三号、四号成功软着陆，为嫦娥五号积累了丰富的经验。只

◁‖嫦娥五号上升器和着陆器在月面的模拟图 ‖▷

有"采样、返回"尚属全新任务，没有经验可供借鉴。预定的方案是，降落时轨道器和返回器与着陆器和上升器分离。轨道器和返回器一起留在月球轨道上，着陆器和上升器一起降落月面。着陆月面以后，着陆器将自动取样。因为并不清楚实际着陆点之下是坚硬的巨石还是松软的土壤，因此嫦娥五号搭载了深孔钻取式采样器和铲挖式复合功能采样器来联合完成采样。遇到松软的土壤，就铲取土壤；遇到坚硬的巨石，就用深孔钻取式采样器自动钻取岩芯。因为并不知道采到样品的具体物理、化学性质，带到地球上来会不会对地球产生危害，所以全部样品必须进行无污严密封装，放在最上面的上升器里。嫦娥五号任务要采集2千克的月壤样品亦非轻而易举。苏联曾多次发射月球无人探测器进行月面采样，只成功了3次，而且采集的样品只有300克。嫦娥五号则要一次成功采集2米深处的2千克样品，足见技术之难度。

嫦娥五号完成采样任务后"回"地，更是困难重重。要返回地球必须带有足够的回程燃料，如果从月球上直接起飞返回地球，则需要更多燃料。所以嫦娥五号采用了月球轨道交会对接的方法，以节约燃料。因此探测器由原先嫦娥三号的着陆器和月球车两部分，增加为轨道器、返回器、着陆器、上升器等四个部分。神舟载人飞船和嫦娥三号均只有两个分离部分，故分离面只有两个。现在有了4个舱，分离面就增加到5个。分离面愈多，结构就愈复杂，技术难度大大增加。

采样完成后，上升器首次在月面点火上升至月球轨道，与留在轨道上的轨道器和返回器组合交会对接。虽然我们在神舟载人飞行中已经有了交会对接的成功经验，但那只是在地球轨道进行的。现在是在38万千米外的月球轨道上进行无人交会对接，这种对接比针尖对麦芒还要难上不知多少倍。因为针尖对麦芒至少是在眼睛看得到的情况下操作，而交会对接是远距离操作，而且相隔的距离还不是《西游记》中孙悟空一个筋斗云的十万八千里，而是嫦娥奔月的38万千米。宇宙间最快的速度是光速，每秒30万千米。要把38万千米远处发生的实况传到地面需要将近1.3秒，再把指令传回去又要将近1.3秒。而要对接的飞行器不是静止的，都在以每秒好几千米的速度在高速飞行。如果根据收到的信息做出决定，再去指示它如何操作，等它收指令时，可能已经飞出几十千米了。所以地面控制中心无法直接遥控月球轨道上的交会对接，只能在发出对接的指令后，由它们自行智能对接。

对接成功后，把上升器中的密封样品自动转移到返回器中，轨道器携带返回器，直接从月球轨道以每秒11.2千米的第二宇宙速度返回地面。之后就是重复嫦娥五号T1试验器的过程，用半弹道跳跃式方法重入大气层，返回地面，将密封的月壤样品送达研究单位，然后启封取出样品进行分析以获取月球的秘密。这将是我国的第一杯月壤，接触它就相当于中国人第一次"触摸"到了月球。对月壤样品的分析将有助于揭开月球起源、月球地质成分等谜团。美国的阿波罗计划曾陆续带回来382千克的月球样品，还在纽约联合国大厦的大厅放有一小块来自月球的岩石。1978年美国总统卡特的安全事务顾问布热津斯基访问中国时，也向中国赠送了1克月球岩石样品。虽然这些样品为人类解答了月球表面的性质、月球的起源以及太阳系的演化等问题。但由于是人工采集的，只能得到月球表面的岩石；由于当时的技术条件，对这些样品的保存也有问题，有些分析不能进行。这次嫦娥五号采集的月球样品种类多，有月面以下 2 米深处的岩芯样品，有月表的月壤样品等，保存得又好，所以预期会得到更多、更好的分析结果。这些结果将有助于未来月球基地的建立。

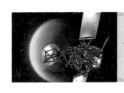

六、未来之光

探月工程是深空探测的第一步，深空探测的路更长、更远。2020年至2030年，我国计划实施4次深空探测活动，包括火星的环绕、着陆和巡视探测，小行星的探测，火星采样返回任务以及木星和行星的穿越探测等。

造访"广寒" >>>

无人探月的后续必然是载人登月，那么，载人登月的目的何在？

半世纪前的载人登月，除了科学探索，还有些显示实力的味道。现在的载人登月。目的有两个：非营利的科学考察和有可能盈利的资源开发。月球虽然是离地球最近的天体，但仍有许多问题尚未搞清，需要探索。通过对月球的研究，有助于解开太阳系乃至宇宙的一些未解之谜。另一方面，根据已经得到的数据资料，已知月球资源丰富、应用价值极大。例如，月球富含核聚变的重要原料，可以在短期内就为月球基地提供能源；长远来看，又可运回地球，补充日益消耗的地球能源。

2019年7月20日，是阿波罗11号载人飞船成功登月的50周年纪念日。50年前的这一天，人类的足迹第一次印在了月面上。阿波罗计划一共载人登月6次。1972年12月7日最后一次发射的阿波罗17号，是阿波罗计划中登月时间最长、月面活动时间最长、采集月面样品最多的一次。在它之后，就再没有人登上月球，甚至离开过近地轨道。

那么到底为什么载人登月会停了这么长的时间呢？最重要的，可能还是经费问题。阿波罗计划总耗资高达 255 亿美元，几乎占了当时美国全部科技研究开发经费的 20%！阿波罗计划还在进行期间，就遭到了多方的批评。一位在非洲的美国修女指责美国政府：你们花这么多的钱把人送到月球去，为什么不拿钱去拯救非洲儿童。实际上，美国政府在压力下已经想砍掉阿波罗 17 号和 18 号，是美国航天局顶住了政府的压力，才把阿波罗 17 号发射上天的，最终只砍掉了阿波罗 18 号。美国尚且如此，其他国家就更不堪承担了。苏联解体，冷战结束，没有了太空竞争的压力，可能也是原因之一。

近些年来，由于科学技术的进步，登月成本大大降低了。有人估计，现在发射一艘载人登月飞船大概只要 5 亿美元，特别是受到我国嫦娥工程的刺激，载人登月又被重新提上议事日程。2017 年 12 月，美国总统特朗普签署了一份太空政策指令，指示美国航天局制订重返月球计划。随即美国航天局公布，将在 2028 年重返月球。2019 年 3 月，美国副总统彭斯又宣布美国将在 2024 年前重返月球，比航天局原来的计划提前了 4 年。美国现在重返月球的战略与以前有所不同，美国航天局计划在月球轨道上先建立一个被称为"门户"的空间站，把航天员送到这个空间站，然后再从这个"门户"出发，登上月球。

除美国外，欧盟也有载人登月的计划，要在 2020 年让一名航天员踏上月球。德国认为它是为欧洲探月计划付出最多的国家，理应代表欧洲第一个登上月球。日本也计划于 2020 年把人送上月球，并在 2025 年在月球建立研究基地。

俄罗斯则显得较为低调和实在。2018 年 11 月 19 日，国际空间站成立 20 周年之际，俄罗斯联邦航天局宣布："俄罗斯航天员将于 2030 年之后首次登月。" 俄罗斯的"月球计划"，包含三个阶段：第一阶段是 2025 年之前，此阶段的重点是在测试国际空间站、测试载人航天器的同时，使用无人自动探测器探索月球。第二阶段从 2025 年至 2035 年，此阶段将测试登陆月球表面的方法，包括执行首次载人飞行至月球表面的任务；把地面创建好的、可用于居住基地的部分组件放置到月球上去。第三阶段在 2035 年后，届时将搭建一个完整的、可供人类居住的月球基地。

我国的嫦娥工程，自 2007 年开始执行起，开展顺利，成功达到所有预期的目标。目前，正在研发新一代的可以多次使用的载人飞船。国外的新一代载人飞船可以把多达 6 名航天员送上月球轨道，3 ~ 4 人可以登月，我国的新一代载人飞船必然不会低于此水平。有消息称，我国计划在 2036 年前将 4 名航天员送上月球。

随着嫦娥探月的四期工程拉开帷幕，嫦娥六号将按计划承担在月球极区探测和在月球南极采样并返回的任务；嫦娥七号将执行月球南极的综合探测，包括地形地貌、物质成分等方面的探测分析。嫦娥八号将进行更多关键技术的月面试验，包括是否能在月球建立科研基地、在月面如何使用 3D 打印技术把月壤制成砖块等建筑材料，为最终建造月球基地进行探索。

砌筑"琼楼" ≫

现代人的想象力要比古人丰富得多，不但要拜访广寒宫，还要砌筑"琼楼"，琼楼就月球基地。

建造月球基地的想法是齐奥尔科夫斯基最先提出的，他还提出奔月轨道的调姿变轨、深空探测火箭的多次启动、长期有人值守的空间站、可以自己制造氧气和食物的月球表面密闭生态舱等一系列概念。

一般认为，我国探月计划的第三阶段"建立月球基地"，应是在第二阶段"载人登月"之后才能实施。其实两者并无必定的先后关系，我国对探月计划的第二、第三阶段也并没有给出一个确切的时间表。

在当前人工智能迅猛发展的大背景下，载人登月前先建立一个无人值守的月球科研站是完全可能的。

嫦娥工程四期执行的三次月球探测任务，都是为论证能否建设月球科研站，能否建立能源长期供给、自主运行、无人值守的月面基础设施而进行的。同时开展的还有以人工智能为主的探月科学研究和工程技术试验，在未来的月球科研站建设中，机器人将发挥很大的作用。我国的月球科研站计划尚处论证阶段，要等论证工作完成，才能申请批准立项。建设月球科研站还只是建立月球基地的第一步，从长远来看，月球基地不仅是一个科研站，而且还是一个工业生产基地、人类生活基地和进行太空移民的中转站。月球科研站的建设，既可以为建设月球基地积累经验，又可以为未来规模更大、内容更丰富的深空探测活动提供平台。

最早把月球基地提上议事日程的是美国。2004年小布什总统颁布新的太空探索计划，宣告美国将在2020年前重返月球。为此NASA制订了"星座计划"，要在2010年前完成国际空间站建设，打造新的火箭和宇宙飞船，使航天员得以在21世纪20年代重返月球，并实现在月球表面长期停留。但奥巴马总统上台后取消了这个计划，把美国载人航天的目的地从月球改为火星。特朗普上台后又改变了奥巴马的做法，要求重返月球。总统决策的多变，使得NASA无所适从。

2019年7月20日，阿姆斯特朗登月50周年纪念日，NASA公布了"阿尔忒弥斯（Artemis）计划"。阿尔忒弥斯是古希腊神话中的月亮女神和狩猎女神，"阿尔忒弥斯计划"的目标是：美国在2024年前实现载人登月，最终目标是在月球表面建立一个长期基地。

曾经参与"阿波罗登月计划"的波音公司参与了"阿尔忒弥斯计划"，他们正在建造超动力推进系统火箭，这种新型火箭可以将美国航天员直接送上月球。据估计，"阿尔忒弥斯计划"将耗资200～300亿美元。

2019 年 6 月，俄罗斯《航天新闻》杂志表示，为进一步探索太空，人类需要在月球上建立基地，中国可能参与其中。

欧洲航天局计划 2024 年开始在月球上建造一个"地球村"。一些前期准备工作已经开始。2019 年，欧洲航天局与德国航空航天中心合作，在位于科隆的欧洲航天局宇航中心建设一个模拟月球土壤和月球栖息地的新设施，作为测试月球探索技术的"训练场"。2019 年年初，欧洲航天局又宣布已与火箭制造商签订了合同，使用他们制造的火箭来发射登月设备，采集月球表面的风化层样品。风化层是非常有用的物质，可以用来储存热量，可以从中提取水和氧；还可以通过 3D 打印技术，以月壤做原材料，打印出建造"地球村"房屋的砖块；还可以用月球泥土种植植物来为"地球村"提供食品。不过目前欧洲航天局连月面软着陆都还没有成功过，现在谈如何建造月球基地，显然为时过早。

日本在 2007 年发射"月亮女神"号月球探测卫星时，就有更为远大的计划：在 2015 年前研制一种能在月球上开展探测活动的机器人；在 2025 年前开始建设一座有人研究基地，并设计一种类似于美国的航天飞机的可重复使用的载入航天飞行器。月亮女神号月球卫星发现，位于月面风暴洋北面的马利厄斯丘陵的地下，有一个长约 50 千米、阔 100 米的巨大的洞窟。这个洞窟可以用来建造地下月球基地。

要建立月球基地，只靠宏大的规划是不够的，必须有一系列的具体实施步骤来保障。我国基本明确，在嫦娥五号之后还有四期探月的三次探测任务。这些准备工作完成之后，才会在月球南极出现中国主导、多国参与的月球科研站。到那时，中国人不但要踏上月球，而且要建设我国主导的月球科考站。

初探荧惑 >>>

月球基地建设尚在纸上谈兵阶段，探测比月球更远的天体，倒是已经进行了半个多世纪了。

深空探测选择的第一站是月球，因为它距离地球十分近。那么，谁是第二站呢？在 20 世纪 60 年代、70 年代的太空竞争中，苏联和美国都把火星和金星并立为第二个目的地。苏联发射月球 1 号探测器的一年多后，1960 年和 1961 年相继发射了火星 1 号、金星 1 号探测器。紧接着，美国也于 1962 年开始发射了 10 个水手号行星探测器，其中 4 个飞向金星（1 个失败），6 个飞向火星（2 个失败）。美国的水手 2 号，1962 年 12 月 14 日在距金星 34 773 千米处掠过金星，成为第一个星际探测器。苏联 1970 年 8 月 17 日发射的"金星"7 号，飞行约 4 个月，12 月 15 日在金星成功软着陆，首次向地球传回了金星表面的图片，并测得金星表面温度可达 475℃，压力为 75 ~ 105 个大气压。与金星相比，火星似乎更受青睐。1980 年 2 月 22 日海盗 1 号拍摄了火星影像图，中间的一条裂缝是著名的水手号大峡谷。这是太阳系中最大最长的峡谷，

长达 4 000 千米，最深处 7 千米，是美国科罗拉多大峡谷的 10 倍长。

火星是太阳系的八大行星之一，英文名为 MARS，意为"战神"。中国古代称火星为"荧惑星"。因为它"荧荧如火，位置难测，亮度不稳"。因它是红色

1980 年 2 月 22 日海盗 1 号拍摄的火星拼接影像图

的，根据阴阳五行说，把它称作火星。火星火红炫目、难以捉摸，我国古人认为它不祥，特别当它与同为红色的心宿二（即大火，或天蝎座 α）以及地球三者连成一线，出现所谓"荧惑守心"现象时，更是大凶之兆，对君主不利。据说秦始皇就是在出现了"荧惑守心"天象后死去的。其实，"荧惑守心"是正常的天文现象，不过较为少见，大概 30 年出现一次，2016 年 8 月 24 日出现过一次。

　　火星是太阳系由内往外的第四颗行星，是 4 颗类地行星之中密度最小的一颗。它有 2 颗天然卫星，火卫一和火卫二。火星直径约为地球的 53%，质量仅为地球的 14%，自转周期与地球相近，公转一周约

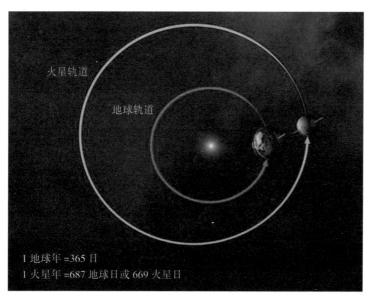

火星轨道

地球轨道

1 地球年 =365 日
1 火星年 =687 地球日或 669 火星日

◀‖地球和火星的轨道示意图‖▶

为地球公转周期的 2 倍。由于地球和火星都是在绕日运行，所以两者的距离是变化的。靠近时的距离约为 5 500 万千米，最远距离则超过 4 亿千米。地球火星的近距离大约每 15 年出现一次。2003 年的 8 月 27 日，两者距离只有约 5 576 万千米，是 6 万年来最近的一次。

　　最早对火星进行探测的是苏联，1960 年 10 月 10 日发射了第一枚

火星探测器，4 天后又发射了第二枚，不幸的是都没有成功。以后又发射了 10 次，只有 1971 年的火星 2 号和 3 号取得部分成功，其他的均未成功。火星 2 号和 3 号也是运气不好，在降落时恰巧遇上了火星的风暴，而且是同一场风暴，最终都陨落火星表面。2013 年，俄罗斯的航天爱好者们在查看由美国火星勘测轨道器传回的图像时，发现了疑似 1971 年"火星 3 号"探测器的遗骸。之后，俄罗斯又发射了多枚火星探测飞行器，但均未成功。

美国在 1964 年到 1971 年间发射了水手系列的 6 个火星探测器，2 个失败，4 个成功。1964 年发射的水手 4 号是第一个成功飞越火星的太空飞行器，在距离火星 1 万千米处拍摄了 21 幅照片。1971 年 5 月发射的水手 9 号，1972 年 1 月进入环火星轨道，成为第一颗人造火星卫星。1975 年 8 月发射的海盗 1 号，经过 10 个月的飞行，进入火星轨道，1976 年 7 月 20 日在火星表面成功着陆，成为人类第一个成功登陆火星的飞行器。2011 年 11 月发射、2012 年 8 月成功登陆火星表面的"好奇号"，是美国的第 7 个火星着陆器、第四辆火星车，也是第一辆采用核动力驱动的火星车，目的是探寻火星上的生命元素。该项目总投资 26 亿美元，是到 2012 年为止全球最昂贵的火星探测项目。2018 年 5 月 5 日发射的"洞察"号火星无人着陆探测器（Mars InSight），同年 11 月 26 日在火星成功着陆，它将执行人类首次探测火星"内部深处"的奥秘。

除美国、俄罗斯外，日本在 1998 年 7 月 3 日发射了"希望"号火星探测器，成为世界上第三个发射火星探测器的国家。不过 1999 年 10 月，"希望"号与火星失之交臂，未能停留在预定的探测轨道上成为火星的卫星。

欧洲航天局在 2003 年 6 月 2 日发射了"火星快车"空间探测器，半年后抵达火星，进行环绕飞行探测，目前仍在运行。不过它是由俄罗斯的"联盟 –FG"号运载火箭在哈萨克斯坦拜克努尔卫星发射场发射升空的。2016 年 3 月 14 日，欧洲航天局又与俄罗斯合作发射了 ExoMars 2016 火星探测器。

2013 年 11 月 5 日下午，印度发射了其首颗火星探测器"曼加里安"号，"曼加里安"意为"火星之船"。2014 年 9 月 24 日上午，"曼加里安"号火星车成功进入火星轨道，使印度成为全球第 4 个、亚洲第 1 个成功进行火星探测的国家或组织。值得称赞的是，"曼加里安"号火星探测器的造价只有 45 亿卢比（约合 7 300 万美元），还不及一部太空题材的电影《地心引力》的成本，而且是第一次尝试就到达火星的。

我国深空探测的第二个目标也是火星。火星探测是我国继载人航天工程、探月工程之后的又一个重大空间探索项目，也是我国首次开展的地外行星空间环境的探测活动。实施嫦娥工程时，我国就已经在考虑火星探测了。我国的首个火星探测器命名为"萤火一号"，"萤火"是"荧惑"的谐音。"萤火一号"是中俄首个火星探测合作项目的一部分，2007 年开始研制，原定于 2009 年 10 月搭乘俄罗斯的联盟号运载火箭、随"福布斯 – 土壤"探测器一起发射。后来因故延迟到 2011 年秋天改由俄罗斯、乌克兰的天顶 –2SB 运载火箭发射。"福布斯"意即火卫一，"福布斯 – 土壤"探测器的任务是着陆火卫一，探测它的土壤，然后采样返回。在与天顶 –2SB 运载火箭分离后，"萤火一号"先搭乘在"福布斯 – 土壤"探测器上，与它同往火星轨道，然后在火星轨道上与它分道扬镳。"福布斯 – 土壤"探测器飞往火卫一，"萤火一号"则留在火星的赤道轨道上，研究火星的电离层及周围空间环境、火星磁场等情况。该项目原定于 2011 年 10 月发射，后延迟到 11 月 9 日 0 点 16 分（莫斯科时间）才正式发射。发射升空很顺利，但在探测器与运载火箭分离后，"福布斯 – 土壤"号探测器的主动推进装置未能点火而导致转轨失败。后发现是软件问题，所以有希望能够挽救。22 日收到了"福布斯－土壤"号火星探测器首次发回的信息后，更增加了这种希望。俄罗斯和欧洲航天机构紧密合作，竭尽全力试图令其转入正常轨道，但未成功。2012 年 1 月 15 日，它的残骸坠落在南太平洋海域。此事影响颇大，俄罗斯航天部门专门成立了独立调查委员会进行调查。开始曾怀疑探测器失灵是美国的雷达干扰造成的，不过最后调查的结论是舱内计算机遭宇宙辐射影响失灵造成的。

在此事故中，"萤火一号"随着"福布斯－土壤"号一起坠毁，使得我国飞出地球的首个火星探测器"出师未捷身先死"。我国探索火星虽然起步较晚，但"萤火一号"火星探测器绝不输给国外的先进探测器。它一个特有的难题是其他所有火星探测器所没有的，因为"福布斯－土壤"号火星探测器的目的地是火卫一，所以必须在火星的赤道平面上才能到达。"萤火一号"将在此平面上运行（其他的探测器是都不选择赤道平面的），这就带来了"长火影"的难题（所谓"长火影"是指火星位于探测器和太阳之间，长时间遮挡了阳光。火星周围的空间没有阳光照射时温度相当低，只有零下 200℃左右），而且"长火影"的时间长达 8.8 小时，因此"萤火一号"必须设计得能够耐受零下 250 ℃ 的低温。类似这样难题还有多个，如"萤火一号"要探测火星磁场的分

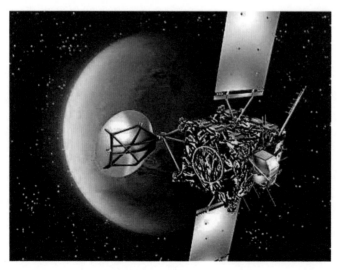

◁‖ 荧火一号示意图 ‖▷

布与变化，而火星的磁场很弱，所以要求制造它的材料都必须绝对无磁……所有这些难题在研制时都已被认真地一一解决，足见"萤火一号"的先进程度。

"萤火一号"的失利，使我国的火星探测计划暂缓了一段时间，2016年1月11日中国的火星探测项目才正式立项。探测火星的原计划分为"绕""落""巡""回"四步走。由"萤火一号"与国外合作完成"绕"的任务，"萤火二号"完成"落"的任务。后做了两个改动，一是选择使用国产的长征系列运载火箭来发射火星探测器，不再搭乘国外的火星探测器；二是将"绕""落""巡"三步并作一步，由"萤火二号"火星探测器来完成。预计将在2020年7月、8月间用长征五号遥三运载火箭把"萤火二号"发射升空，奔赴火星。

肩负"绕""落""巡"三大重任的"萤火二号"火星探测器由轨道器、着陆器、巡视器三个部分组成。轨道器在火星轨道上绕行探测（绕）；着陆器软着陆火星表面后，固定在那里进行地面探测（落）；巡视器在火星表面进行巡视探测（巡）。而在火星表面上采集土壤、岩石等样品，然后返"回"地球的任务将由后续的探测器完成。

选择2020年7月、8月间发射"萤火二号"，因为这是一个两年一次的所谓"地球－火星霍曼转移轨道发射窗口期"。霍曼转移轨道是一种变换飞行器轨道的方法，是1925年德国物理学家瓦尔特·霍曼首先计算得到的，故以他的名字命名。当飞行器进行轨道转移时，如采用霍曼转移轨道，只要经过2次发动机加速就能完成，燃料消耗最少。我国的通信卫星从低地球轨道到较高的地球同步轨道，就是通过霍曼转移轨道转移的；月球探测器从它自身绕地球的圆轨道（低轨道）转移到月球绕地球的圆轨道（高轨道）的地月转移轨道也是一条霍曼转移轨道。火星探测器从地球环日轨道（低轨道）向火星环日轨道（高轨道）转移，经过的也是霍曼转移轨道。当火星探测器到达火星轨道时，火星必须也到达此位置，这就对探测器的发射时间有了限制，这个限制期叫作"窗口期。"

火星的窗口期大约有 1 个月长。发射月球探测器也有窗口期，只不过月球离地球近，窗口期条件容易满足。嫦娥四号探测器选择在 2019 年元旦着陆，也是因为那时是窗口期。地球与火星都是绕太阳旋转运行的，两者的相对位置是一直变化的，每 26 个月火星会有一次距离地球最近的机会。2020 年正好是这样一个机会，所以世界各国都争相乘此机会发射火星探测器。

中国首次探测火星便要实现"绕""落""巡"三大任务，这在世界航天史上是绝无仅有的。此前只有美国在一次火星任务中同时完成"绕"和"落"，欧洲曾两次尝试"绕"和"落"，都以失败告终。中国计划在一次火星探测任务中完成"绕""落""巡"三步，难度可想而知。而且火星探测和月球探测的难度是不可同日而语的，主要原因是距离遥远。就以被捕捉进入轨道为例，地月平均距离为 38 万千米，而地火最近距离为 5 500 万千米，而最远时可达 3 亿至 4 亿千米。"萤火一号"火星探测器进入火星引力球时，能够被火星捕获的难度，要比被月球捕捉的难度增大了不知多少倍。要使"萤火"投入"荧惑"的怀抱，必须有极高的测控能力。曾有这样的比喻："探测器要在火星精准着陆，就像从巴黎击出一只高尔夫球，要准确地落在东京的一个洞里。"至今世界各国至少进行了近 50 次火星探测，但成功的不及一半，火星素有"航天器坟场"之称。

我国已攻克了火星探测的轨道设计、测控通信、自主导航、表面着陆等关键技术，"萤火二号"的火星探测已经有了坚实的基础。

"萤火二号"承担的具体任务是：第一，探测火星的生命迹象，即火星现在、过去有无生命存在，火星上生命生存的条件和环境如何。第二，对火星本体进行科学研究。第三，探索在火星上能否建造地球移民的基地。

发射"萤火二号"火星探测器,只是我国"初探荧惑",以后肯定会有后续。除了火星外,小行星探测、木星探测以及行星穿越探测等,都是今后的方向。总之,我们的足迹,随着深空探索的步步深入,会在宇宙中不断延伸出去。我国虽然起步晚,但发展势头强劲,正在赶上或超越其他国家与地区,进入世界航天大国之列。在某些方面,我国已经站到世界前列。

结束语——太空无垠,探索未穷 >>>

现在我们在月球附近,下一步要到火星附近,再往后,我们要向太阳系边际进军,到距离地球150亿千米的空间里去。

美国、苏联(俄罗斯)、欧洲航天局及日本等先后发射了100多个行星际探测器,既有发向月球的,也有发向金星、水星、火星、木星、土星、海王星和天王星等各大行星和小行星的。1977年发射的旅行者1号,经过41年的飞行,2018年已经达到离地球217亿千米的空间。目前正以每秒17千米的速度,离太阳系而去。即便如此,与浩瀚的宇宙相比,它也仅仅是在小小的空间里缓慢地爬行。

星空浩瀚无疆域,探索未有穷尽时!

(书中部分图片引自相关媒体,特向原作者真诚致谢,欢迎您与我们联系,我们将按有关规定支付稿酬)